室内设计配色方案速查手册

速查手册

理想·宅 ——————————————— 编著

人民邮电出版社
北　京

图书在版编目（CIP）数据

室内设计配色方案速查手册 / 理想·宅编著. －－ 北京 ：人民邮电出版社，2023.10
ISBN 978-7-115-61832-0

Ⅰ．①室… Ⅱ．①理… Ⅲ．①室内装饰设计－配色－手册 Ⅳ．①TU238.23-62

中国国家版本馆CIP数据核字(2023)第149719号

内 容 提 要

本书对专业、复杂的色彩知识进行了梳理、归纳，提炼出简明、易懂的知识点，方便读者记忆与应用。另外，书中针对室内常见的七大功能空间提出多样化的色彩搭配方案，并根据关键点对这些方案进行分类，读者可以快速寻找到心仪的家居配色类型。书中提供的配色方案既有适合大众家居的经典、实用型，又不乏新颖、潮流的创意家居配色，拓宽了色彩搭配的维度，为读者带来配色灵感与启发。

本书还提供了配色方案速查电子手册，满足不同使用需求。本书既适合作为室内设计师、软装设计师等专业人士的工具书，也适合作为院校环境艺术专业师生的辅助资料。有装修需求的业主可以利用本书来提升个人审美，或将本书作为选取家居配色的参考书。

- ♦ 编　　著　　理想·宅

　　责任编辑　　王　冉

　　责任印制　　马振武

- ♦ 人民邮电出版社出版发行　　北京市丰台区成寿寺路 11 号

　　邮编　100164　　电子邮件　315@ptpress.com.cn

　　网址　https://www.ptpress.com.cn

　　北京富诚彩色印刷有限公司印刷

- ♦ 开本：787×1092　1/24

　　印张：9　　　　　　　　　　　　　2023 年 10 月第 1 版

　　字数：254 千字　　　　　　　　　2023 年 10 月北京第 1 次印刷

定价：69.80 元

读者服务热线：**(010)81055410**　印装质量热线：**(010)81055316**
反盗版热线：**(010)81055315**
广告经营许可证：京东市监广登字 20170147 号

前　言

　　色彩信息传递的速度非常快，人们在看到色彩的一瞬间即可在头脑中形成一种印象，毫不夸张地说，不同的色彩搭配足以左右设计本身的效果和表现力。而在室内设计领域，色彩通常用来表达居住者的性格，体现空间的设计风格，传达室内情感意向。由此可见，色彩是室内设计中非常重要的元素。

　　全书共分为两部分，第一部分系统地介绍了色彩的理论知识，同时利用图片清晰地展现内容。第二部分可谓室内色彩搭配方案的"宝库"，包括客厅、餐厅、卧室、书房、厨房、卫生间、玄关这七大常见家居功能空间的 400 余款配色方案（含电子手册中的配色方案），每一款设计方案都标示出所选色彩的 CMYK 色值及 RGB 色值，方便读者快速获取配色灵感，并能够落地应用。另外，书中还根据居住者的年龄、职业等客观因素对功能空间的设计方案进行归类，方便读者快速选择适合自己的家居配色方案。

　　为了能够给读者提供更为丰富、多样的室内配色方案，随书附赠电子手册，便于查阅。

| 资源与支持 |

本书由"数艺设"出品，"数艺设"社区平台（www.shuyishe.com）为您提供后续服务。

配套资源

配色方案速查电子手册

（提示：微信扫描二维码关注公众号后，输入 51 页左下角的 5 位数字，获得资源获取帮助。）

资源获取请扫码

"数艺设"社区平台，为艺术设计从业者提供专业的教育产品。

与我们联系

我们的联系邮箱是 szys@ptpress.com.cn。如果您对本书有任何疑问或建议，请您发邮件给我们，并请在邮件标题中注明本书书名及 ISBN，以便我们更高效地做出反馈。

如果您有兴趣出版图书、录制教学课程，或者参与技术审校等工作，可以发邮件给我们。如果学校、培训机构或企业想批量购买本书或"数艺设"出版的其他图书，也可以发邮件联系我们。

关于"数艺设"

人民邮电出版社有限公司旗下品牌"数艺设"，专注于专业艺术设计类图书出版，为艺术设计从业者提供专业的图书、视频电子书、课程等教育产品。出版领域涉及平面、三维、影视、摄影与后期等数字艺术门类，字体设计、品牌设计、色彩设计等设计理论与应用门类，UI 设计、电商设计、新媒体设计、游戏设计、交互设计、原型设计等互联网设计门类，环艺设计手绘、插画设计手绘、工业设计手绘等设计手绘门类。更多服务请访问"数艺设"社区平台 www.shuyishe.com。我们将提供及时、准确、专业的学习服务。

目 录

第一部分　走进神奇的色彩世界

第二部分　室内色彩的情绪表达

第4章　客厅

 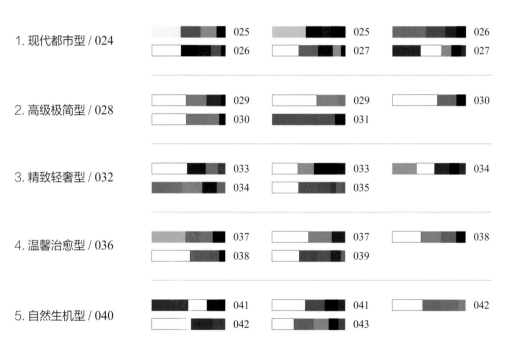

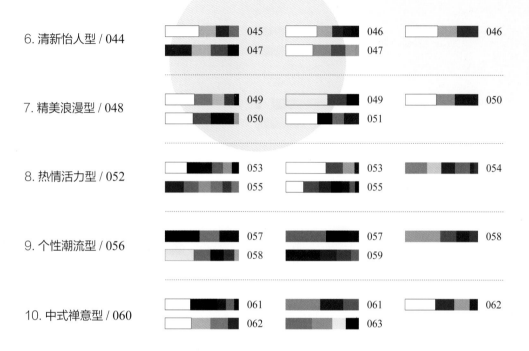
第 5 章　餐厅

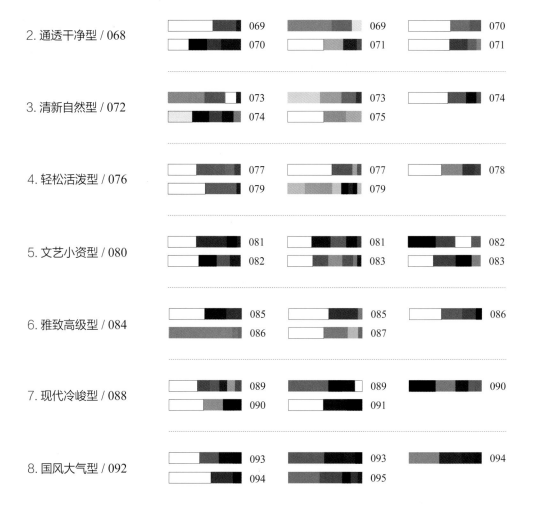

第 6 章 卧室

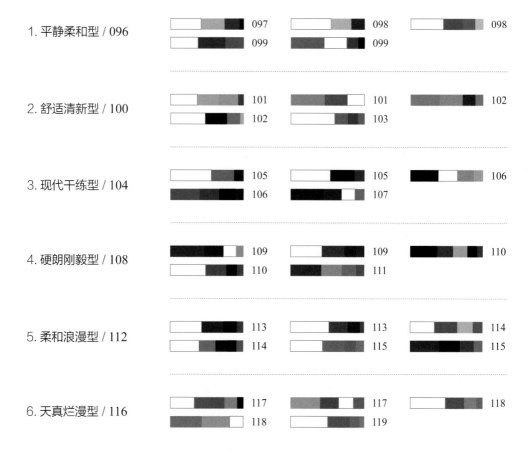

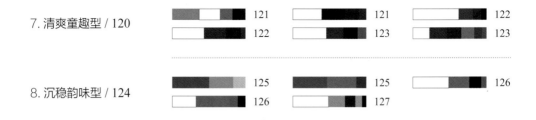
第7章　书房

 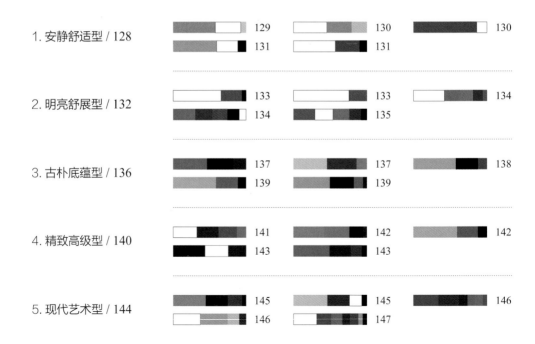

第 8 章　厨房

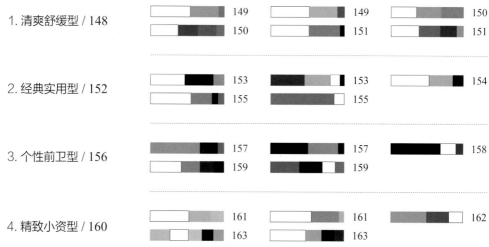
第 9 章　卫生间

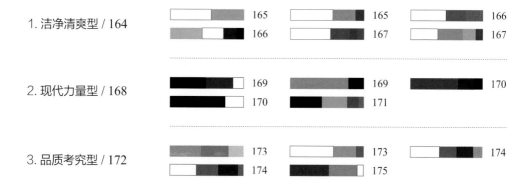

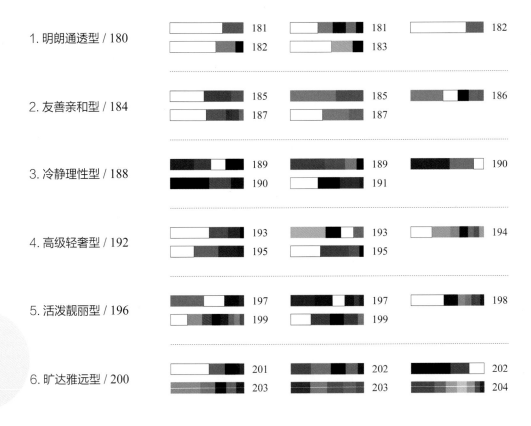

第一部分

走进神奇的色彩世界

　　在对家居空间进行色彩设计之前，首先应该认识色彩，了解其种类、属性等基础知识。只有充分认识色彩的特性，才能够在家居配色时不出错，从而设计出观感精美的空间。另外，看似复杂的室内配色，实际上是有规律可循的，掌握有效的配色技法和法则，能够在设计室内配色方案时达到事半功倍的效果。

第 ① 章 初识色彩

1. 色彩分类

　　丰富多样的色彩，在分类上也具有多样化的特征。通常可以按照系别将色彩划分为有彩色系和无彩色系，按照视觉感受划分为暖色系、冷色系和中性色系，按照色彩构成划分为原色、间色和复色。

有彩色系

有彩色系是指可见光谱中的全部色彩，红、橙、黄、绿、紫等为其基本色。基本色之间不同量的混合、基本色与无彩色之间不同量的混合，所产生的色彩均属于有彩色系。有彩色的表现形式复杂，但可以用色相、明度和纯度来确定。

按色彩系别划分

色彩分类

无彩色系

无彩色系是指黑色、白色以及由黑白两色混合而成的深浅不一的灰色。无彩色系中的色彩不具备色相与纯度两种属性，只在明度上有变化。

提示：在色彩学中，黑色和白色是明度的两个极端，而由黑色和白色混合形成的灰色深浅不一。在所有的无彩色系中，白色的明度最高，黑色的明度最低。

暖色系

红紫、红、红橙、橙、黄橙、黄、黄绿等都是暖色，给人柔和、柔软的感受。

冷色系

蓝绿、蓝、蓝紫等都是冷色，给人坚实、强硬的感受。

中性色系

紫色和绿色没有明确的冷暖偏向，是冷色和暖色之间的过渡色，属于中性色系。另外，无彩色及金色、银色、棕色也属于中性色系。

原色

品红、黄、青为三原色，在色相环上呈正三角形排布。

间色

在三原色之间排列着红、绿、蓝三个色彩，形成一个倒三角形，这三个色彩为三间色。

复色

复色也称为"三次色"，是用原色与间色调和或用间色与间色调和而成的颜色。复色可以由三个原色按照不同的比例混合而成，也可以由原色和包含有另外两个原色的间色混合而成。由于复色中含有三原色，因此具有黑色成分，在纯度的表现上略低。

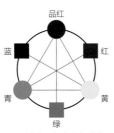

▲ 三原色与三间色的组成关系

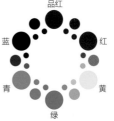

▲ 相邻的原色与间色混合可产生 6 种复色，形成标准的 12 色色相环。依此方法，将色彩再次混合，可以形成色彩更丰富的 24 色色相环

2. 色彩属性

任何一种有彩色都具备色相、明度和纯度三种属性，也称为色彩三要素。三种属性中的任何一种属性发生变化，颜色也会随之改变。实际上，色彩三要素是一个整体概念，色彩发生改变，三要素也会相应发生变化。

色相： 色相指色彩的相貌。根据色相，可以快速区分不同的色彩。例如，人们称呼一种颜色为红色，另一种颜色为蓝色，依据的就是色彩的色相这一属性。即便是同一类颜色，也能分为几种色相，如黄色可以分为中黄、土黄、柠檬黄等。

明度： 明度也称为亮度或深浅度，指色彩的明暗程度。明度越高的色彩越明亮，反之越暗淡。所有色彩中白色明度最高，黑色明度最低。

影响色彩明度变化的因素

① 同一色相的色彩，添加的白色成分越多，明度就越高，明度越高的色彩越明亮。

② 同一色相的色彩，添加的黑色成分越多，明度就越低，明度越低的色彩越暗淡。

▲ 以绿色为例，加入白色，明度提高，变为浅淡的绿色；加入黑色，明度降低，变为深暗的绿色

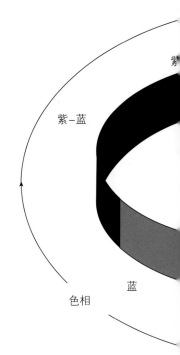

紫

紫–蓝

蓝

色相

▶ 孟赛尔色立体中的垂直轴表示明度，越向上明度越高，越向下明度越低，且以无彩色黑白系列的中性色的明度等级来划分。另外，颜色距中央轴的水平轴代表饱和度，此饱和度被称为孟赛尔彩度

纯度： 纯度也称为饱和度、彩度或鲜艳度，指色彩的鲜艳程度。所有色彩中，纯色的纯度最高，无彩色系中的黑、白、灰不具备纯度属性。

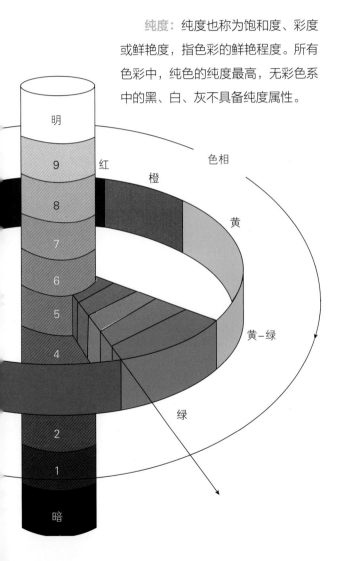

影响色彩纯度变化的因素

① 纯色与白色混合时，明度提高，纯度降低，同时色性偏冷。此时色彩给人柔和、轻盈、明亮的感觉。

② 纯色与黑色混合时，明度降低，纯度也随之降低，同时色性偏暖。此时色彩会失去原本的光亮感，变得沉稳、安定、深沉。

③ 纯色与不同明度的灰色混合时，纯度均会降低，但明度变化各有不同。例如：纯色混入深灰色时，纯度降低，明度也随之降低，色相加深；纯色混入浅灰色时，纯度降低，明度却随之提高，色相变浅；纯色混入中灰色时，纯度降低，明度变化不大，但色相会出现细微变化。

④ 纯色与补色混合时，相当于加入了深灰色，纯度和明度均会降低。

提示：任何一种鲜艳的纯色，只要与其他色彩混合，其纯度均会降低。纯度降低会引起原有色彩性质的变化，改变原有色彩的面貌和情调。

▲ 纯色与白色混合，纯度降低，变得浅淡　　▲ 纯色与黑色混合，纯度降低，变得深暗

▲ 纯色与灰色混合，纯度降低，变为带有灰调的色彩　　▲ 纯色与补色混合，纯度降低，变为带有彩调的灰色系色相

3. 色彩寓意

人会根据记忆及经验对色彩产生联想，从而形成一系列色彩心理反应，这种反应体现了色彩的情感意义。了解色彩的情感意义，能够有针对性地根据居住者的性格、职业选择适合的家居配色方案。

红色：红色象征活力、健康、热情、喜庆、朝气、奔放，能够令人兴奋、激动。在室内设计中若少量使用红色，会显得有创意，但若大面积使用高纯度红色，则容易使人烦躁。使用时可以降低其明度和纯度，使其活跃感减弱。

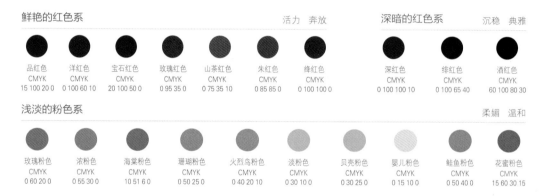

鲜艳的红色系　　　　　　　　　　　　　活力　奔放

品红色	洋红色	宝石红色	玫瑰红色	山茶红色	朱红色	绛红色
CMYK	CMYK	CMYK	CMYK	CMYK	CMYK	CMYK
15 100 20 0	0 100 60 10	20 100 50 0	0 95 35 0	0 75 35 10	0 85 85 0	0 100 100 0

深暗的红色系　　　　沉稳　典雅

深红色	绯红色	酒红色
CMYK	CMYK	CMYK
0 100 100 10	0 100 65 40	60 100 80 30

浅淡的粉色系　　　　　　　　　　　　　　　　　　　　柔媚　温和

玫瑰粉色	浓粉色	海棠粉色	珊瑚粉色	火烈鸟粉色	淡粉色	贝壳粉色	婴儿粉色	鲑鱼粉色	花蜜粉色
CMYK	CMYK	CMYK	CMYK	CMYK	CMYK	CMYK	CMYK	CMYK	CMYK
0 60 20 0	0 55 30 0	10 51 6 0	0 50 25 0	0 40 20 10	0 30 10 0	0 30 25 0	0 15 10 0	0 50 40 0	15 60 30 15

黄色：黄色是积极的色相，使人感觉温暖、明亮，象征着快乐、希望。在家居中大面积使用黄色时，提高其明度会让人感觉更舒适，因此特别适用于采光不佳的房间。若采用明度较低的黄色，则能体现出一种复古、沉郁感。

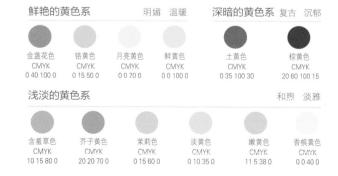

鲜艳的黄色系　　　明媚　温暖

金盏花色	铬黄色	月亮黄色	鲜黄色
CMYK	CMYK	CMYK	CMYK
0 40 100 0	0 15 50 0	0 0 70 0	0 0 100 0

深暗的黄色系　复古　沉郁

土黄色	棕黄色
CMYK	CMYK
0 35 100 30	20 60 100 15

浅淡的黄色系　　　　　　　和煦　淡雅

含羞草色	芥子黄色	茉莉色	淡黄色	嫩黄色	香槟黄色
CMYK	CMYK	CMYK	CMYK	CMYK	CMYK
10 15 80 0	20 20 70 0	0 15 60 0	0 10 35 0	11 5 38 0	0 0 40 0

橙色： 橙色同时具备红色的热情和黄色的明亮，能够激发人们的活力和创造性，让人感到喜悦，用在采光差的空间能够弥补光照的不足。需要注意的是，尽量避免在卧室和书房中过多地使用纯正的橙色，否则会使人感觉过于刺激，建议降低其纯度和明度后使用。

浅淡的橙色系　　　　　　　　　　　　　　　　　　治愈　日常　　　鲜艳的橙色系　　　　　　　　　　　　　　　活力　丰收

蜂蜜色	杏色	伪装沙色	浅茶色	浅土色	驼色	橙红色	柿子色	橙黄色	太阳橙色	热带橙色
CMYK	CMYK	CMYK	CMYK	CMYK	CMYK	CMYK	CMYK	CMYK	CMYK	CMYK
0 30 60 0	10 40 60 0	0 15 15 10	0 15 30 15	20 30 45 0	10 40 60 30	0 80 90 0	0 70 75 0	0 70 100 0	0 55 100 0	0 50 80 0

　　蓝色： 蓝色为冷色，是和理智、成熟有关系的颜色，适合用在卧室、书房、工作间和压力大的居住者的房间中。在使用时，可以搭配一些跳跃的色彩，避免营造过于冷清的氛围。并且蓝色是后退色，能够使房间显得更宽敞。

浅淡的蓝色系　　　　　　　　　　　　　　　　　　　　　　　　　　　干净　通透

浅天蓝色	水蓝色	蔚蓝色	淡蓝色	翠蓝色	鼠尾草色	韦奇伍德蓝色
CMYK	CMYK	CMYK	CMYK	CMYK	CMYK	CMYK
40 0 10 0	60 0 10 0	70 10 0 0	30 0 10 10	80 10 20 0	70 50 10 0	55 30 0 25

复古的深蓝色系　　　　　　　　　　　　　　　　　　　　　　　　　　冷静　沉稳

青金石色	石青色	蓝绿色	天蓝色	钴蓝色	海蓝色	深蓝色
CMYK	CMYK	CMYK	CMYK	CMYK	CMYK	CMYK
95 80 0 0	100 70 40 0	95 25 45 0	100 35 10 0	95 60 0 0	100 80 30 35	100 95 50 50

　　绿色： 绿色属于中性色，加入黄色多则偏暖，体现出娇嫩、年轻及柔和的感觉，加入青色多则偏冷，带有冷静感。绿色具有稳定情绪的作用，常常是软装主色。另外，绿色和蓝色一样具有视觉收缩的效果，不会让房间产生压迫感。

黄绿色	苹果绿色	嫩绿色	叶绿色	草绿色	苔绿色	橄榄绿色	常青藤色
CMYK	CMYK	CMYK	CMYK	CMYK	CMYK	CMYK	CMYK
30 0 100 0	45 10 100 0	40 0 70 0	50 20 75 10	40 10 70 0	25 15 75 45	45 40 100 50	70 20 70 30

高纯度的绿色系 生机 冷静

钴绿色	翡翠绿色	碧绿色	灰绿色	孔雀石绿色	薄荷绿色	碧色	孔雀绿色
CMYK	CMYK	CMYK	CMYK	CMYK	CMYK	CMYK	CMYK
60 0 45 0	75 0 75 0	70 10 50 0	55 10 45 10	85 15 80 10	90 30 80 50	90 35 70 30	100 30 60 0

紫色： 紫色由温暖的红色和冷静的蓝色调和而成，既优雅又温柔，既庄重又华丽。在室内设计中，深暗的紫色不太适合体现欢乐氛围的居室，如儿童房，另外，在男性居室也应避免使用明亮、柔和和浅淡的紫色。

浅淡的紫色系 静谧 柔和

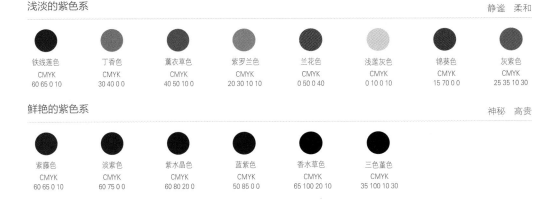

铁线莲色	丁香色	薰衣草色	紫罗兰色	兰花色	浅莲灰色	锦葵色	灰紫色
CMYK	CMYK	CMYK	CMYK	CMYK	CMYK	CMYK	CMYK
60 65 0 10	30 40 0 0	40 50 10 0	20 30 10 10	0 50 0 40	0 10 0 10	15 70 0 0	25 35 10 30

鲜艳的紫色系 神秘 高贵

紫藤色	淡紫色	紫水晶色	蓝紫色	香水草色	三色堇色
CMYK	CMYK	CMYK	CMYK	CMYK	CMYK
60 65 0 10	60 75 0 0	60 80 20 0	50 85 0 0	65 100 20 0	35 100 10 30

黑、白、灰系列： 单独使用其中一种色彩会显得单调、乏味，一般会采用两种以上的色彩同时作为室内的主色调。其中，黑色是明度最低的色彩，给人深沉、神秘、寂静、悲哀、压抑

的感觉；白色是明度最高的色彩，给人明快、纯真、洁净的感受；灰色则给人温和、谦让、中立、高雅的感觉，具有沉稳、考究的装饰效果。

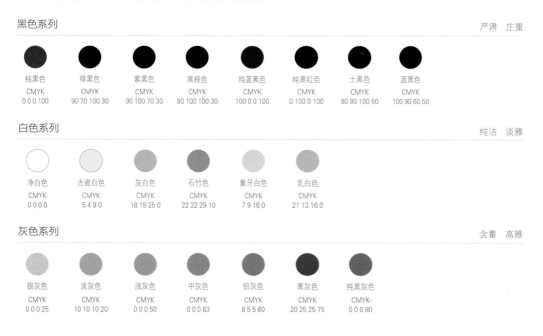

黑色系列 严肃 庄重

纯黑色	绿黑色	紫黑色	黑棕色	纯蓝黑色	纯黑红色	土黑色	蓝黑色
CMYK	CMYK	CMYK	CMYK	CMYK	CMYK	CMYK	CMYK
0 0 0 100	90 70 100 30	90 100 70 30	80 100 100 30	100 0 0 100	0 100 0 100	80 80 100 50	100 90 60 50

白色系列 纯洁 淡雅

净白色	古瓷白色	灰白色	石竹色	象牙白色	乳白色
CMYK	CMYK	CMYK	CMYK	CMYK	CMYK
0 0 0 0	5 4 9 0	18 15 25 0	22 22 29 10	7 9 16 0	21 13 16 0

灰色系列 含蓄 高雅

银灰色	淡灰色	浅灰色	中灰色	铅灰色	黑灰色	纯黑灰色
CMYK	CMYK	CMYK	CMYK	CMYK	CMYK	CMYK
0 0 0 25	10 10 10 20	0 0 0 50	0 0 0 63	8 5 5 60	20 25 25 75	0 0 0 80

金、银色系列： 金色极其醒目，具有绚烂感，会产生光明、华丽、辉煌的视觉效果，特别适用于采光不佳的空间。银色极具未来感和冷艳感。另外，闪闪的银色给人轻盈、晶莹剔透之感，可以给压力繁重、心浮气躁的人带来些许放飞自我的轻松气息。

金色系列 绚丽 华贵

仿青金色	雾金色	暮金色	金光色	金黄色	古金黄色
CMYK	CMYK	CMYK	CMYK	CMYK	CMYK
22 30 75 8	4 18 47 0	5 29 64 0	18 45 84 0	26 50 95 0	10 39 93 0

银色系列 轻盈 平和

银丝色	拉丝银色	水银色	暗水银色
CMYK	CMYK	CMYK	CMYK
55 48 41 0	60 53 51 0	31 19 24 0	56 47 37 0

4. 色彩角色

　　家居空间的色彩，既体现在墙、地、顶，也体现在门窗、家具之上，窗帘、饰品等软装的色彩也不容忽视。这些色彩扮演着不同角色，在家居配色中，了解色彩的角色并合理区分，是成功配色的基础之一。另外，在同一个空间，色彩与其扮演的角色并不是一一对应的，如客厅中顶面、墙面和地面的颜色常常是不同的，但都属于背景色。一个主角色通常需要很多配角色来陪衬，协调好各个色彩之间的关系也是进行家居配色时需要考虑的。

主角色
构成视觉中心的物体色彩
20%

色彩占比

主角色为居室主体色彩（占比约为 20%）。

用法体现

主角色通常为大件家具、装饰织物等的色彩，是空间配色的中心。

色彩特点

主角色不是绝对性的，不同空间的主角色有所不同，如客厅的主角色是沙发的色彩，餐厅的主角色可以是餐桌的色彩，也可以是餐椅的色彩，而卧室的主角色是床的色彩。

色彩占比 配角色常陪衬主角色（占比约为 10%）。

配角色
视觉重要性和面积
次于主角色
10%

用法体现 配角色通常为小家具，如茶几、床头柜等的色彩，使主角色更突出。

色彩特点 若配角色与主角色呈现出对比，则显得主角色更为鲜明、突出；若
与主角色相近，则使空间显得松弛。

色彩占比 背景色为占据空间中最大比例的色彩（占比约为 60%）。

背景色
决定空间整体配色印象的重要角色

60%

用法体现 背景色通常为家居中的墙面、地面、顶面、门窗、地
毯等大面积色彩。

色彩特点 一般会采用比较柔和的淡雅色调，给人舒适感，若追
求活跃感或华丽感，则使用浓郁的背景色。

点缀色
灵活、多样，极具变化
10%

色彩占比 点缀色为居室中最易变化的小面积色彩（占比约为 10%）。

用法体现 点缀色通常为工艺品、靠枕、装饰画等装饰物的色彩。

色彩特点 点缀色通常选择与所依靠的主体具有对比感的色彩，来制造
生动的视觉效果。若主体氛围足够活跃，为追求稳定感，点
缀色也可与主体颜色相近。

第②章 经典配色技法

1. 色相型配色

在配色设计时，通常会采用两到三种颜色进行搭配，这种使用色相组合进行配色的方式称为色相型配色。色相不同，塑造的效果也不同，一般可以分为开放和闭锁两种感觉。闭锁型的色相型配色用在家居中能够塑造出平和的氛围。开放型的色相型配色中，颜色数量越多，营造的氛围越自由、活泼。

对比色

对比色配色： 对比色在色相环中相距 120°左右，在视觉上互相冲突，不易调和，但容易形成视觉张力。

120°
对比色

180°
互补色

互补色配色： 互补色在色相环中相距 180° 左右，即处于色相环的直径两端。互补色配色的色彩距离最远，色相对比最强烈。

互补色

提示：在实际应用时，当一组互补色放置在一起时，为了突出对比效果，常需要强调其中一种颜色，使其起支配作用，而弱化另一种颜色，令其处于从属地位。另外，如果把两种颜色的纯度都设置得高一些，那么两种颜色会互相衬托，展现出充满刺激性的艳丽色彩形象。若想要降低配色带来的视觉冲击感，则可以适当降低两种颜色的纯度。

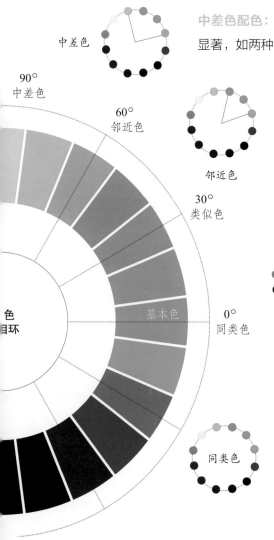

中差色配色： 中差色在色相环中相距 90° 左右，色相差异较为显著，如两种原色或两种间色之间的差异就较为显著。

邻近色配色： 邻近色在色相环中相距 45° ~ 60°，色彩之间既有差异又有联系。邻近色配色可在整体上产生既有变化又具有统一性的色彩魅力。

提示：在实际运用中容易搭配且具有很强的情感表现力。但若要让画面更丰富，则需调整明度和纯度，从而加强对比。

类似色配色： 类似色在色相环中相距 15° ~ 30°，类似色配色是色相比较类似但有一定差异的配色。

提示：由于色相之间有轻微的差异，视觉层次显得更为丰富。

同类色配色： 同类色在色相环中相距 0°，属于同一色相，但明度与纯度不同。同类色较难区分，其色相具有同一性。

提示：同类色配色虽然没有形成色彩层次，但形成了明暗层次，可以通过加大明度差异来增强层次感。

三角型： 色相环上呈三角形排布上的色彩搭配就是三角型配色。最具代表性的是三原色组合，其具有强烈的动感，三间色组合则温和一些。

提示：在进行三角型色相对比创作时，可以选取色相环上位于三角形上的三个颜色，令其中一种颜色为纯色，对另外两种颜色进行明度或纯度上的调整。这样的组合既能够减弱配色的刺激感，又能够丰富配色的层次。如果是对比强烈的纯色组合，最恰当的方式是将其作为点缀色使用，大面积的颜色对比比较适合表达前卫、个性的设计诉求。

三角型

常用三角型色相对比

品红　黄　青　　　绿　蓝　红

四角型： 将两组同类型或互补型配色进行搭配，就属于四角型配色，能够营造醒目、安定、有紧凑感的家居环境，比三角型配色更开放、更活跃。

四角型

提示：若采用软装点缀或本身包含四角型配色的软装，则更易获得舒适的视觉效果。

常用四角型色相对比

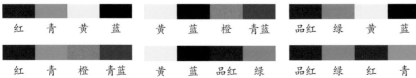

红　青　黄　蓝　　　黄　蓝　橙　青蓝　　　品红　绿　黄　蓝

红　青　橙　青蓝　　　黄　蓝　品红　绿　　　品红　绿　红　青

全相型：全相型是指无偏颇地使用全部色相进行搭配的类型，通常使用五种或六种色彩，属于开放型配色，非常华丽。

提示：配色时需注意平衡，如冷色或暖色中的其中一类色彩不宜选取过多。

常用五色全相型色相对比

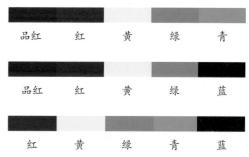

| 品红 | 红 | 黄 | 绿 | 青 |

| 品红 | 红 | 黄 | 绿 | 蓝 |

| 红 | 黄 | 绿 | 青 | 蓝 |

常用六色全相型色相对比

| 品红 | 红 | 黄 | 绿 | 青 | 蓝 |

2. 色调型配色

色调是色彩的基本倾向，指色彩的浓淡。色调型配色的意义在于，一个家居空间即使采用了多个色相，只要色调一致，也会使人感觉稳定、协调。

淡色调

纯色中混入大量白色，即得到淡色调。

色调印象：柔弱、年轻、清淡、可爱

浅灰色调

在纯色中加入大量的高明度灰色可得到浅灰色调，它与淡色调接近，但显得更优雅、高级。

色调印象：高雅、有内涵、素净、高级

灰色调

灰色调是用纯色和大量深灰色混合得到的色调，兼具暗色调的厚重和浊色调的素净。

色调印象：朴素、安静、古朴、成熟

暗灰色调

在纯色中加入暗灰色，即得到暗灰色调，它是除了黑色外，明度最低的色调。

色调印象：厚重、庄严、有力、值得信赖

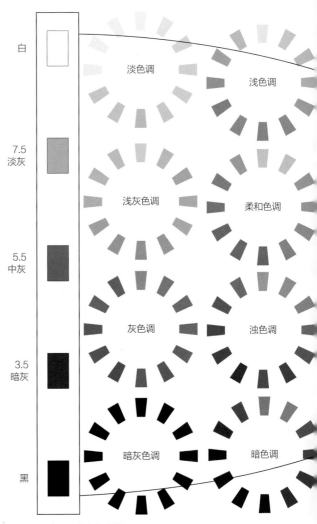

白

7.5
淡灰

5.5
中灰

3.5
暗灰

黑

淡色调　　浅色调

浅灰色调　　柔和色调

灰色调　　浊色调

暗灰色调　　暗色调

▲ PCCS 色彩系统色调分类

浅色调

纯色中混入白色得到浅色调。其平衡性较好，不会影响亮度。

色调印象：爽朗、干净、快乐、孩子气

柔和色调

在纯色中调和少量高明度的灰色可得到柔和色调，它适合表现高品位、有内涵的情境。

色调印象：雅致、温和、朦胧、温柔、和畅

P　淡色调

lt　浅色调

明亮色调

纯色中加入少量白色，即得到明亮色调，它是一种大众色调。

色调印象：大众、天真、快乐、舒适、纯净

b　明亮色调

v　鲜艳色调

强烈色调

在纯色中混入少量灰色，即得到强烈色调，它比鲜艳色调多了一丝内敛感。

色调印象：热情、动感、开朗、乐观、活泼

ltg　浅灰色调

sf　柔和色调

s　强烈色调

鲜艳色调

深色调

纯色中混入少量黑色，即得到深色调，它可以和明亮的色调结合使用。

色调印象：充实、传统

g　灰色调

d　浊色调

dkg　暗灰色调

鲜艳色调

鲜艳色调是不掺杂任何无彩色的最纯粹的色调，具有刺激感。

色调印象：鲜明、活力、热情、艳丽、开放

dk　暗色调

dp　深色调

浊色调

浊色调是在纯色混入中明度的灰色所形成的色调，将纯色的活泼与中灰色的稳健相融合。

色调印象：稳重、高雅、高品质

暗色调

暗色调由纯色与具有力量感的黑色混合形成，具有威严、厚重的效果。

色调印象：坚实、复古

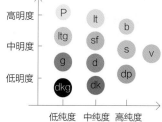

▲ 色调明度与纯度分布图

1. 面积配色法则

　　面积调和是通过将空间色彩面积增大或减少，来达到调和的目的，使空间配色更加美观、协调，它与色彩三属性无关。在具体设计时，色彩面积比例不宜为 1：1，最好保持在 5：3～3：1。如果是三种颜色，可以采用 5：3：2 的比例。但这不是一个硬性规定，需要根据具体对象来调整空间色彩分配。

/ 案例分析 /

问题分析 ✖

空间的白色和蓝色面积大致相同，且将蓝色用于对立的两面墙，缺乏稳定感。

✓ 调整逻辑

将白色地毯替换为蓝色地毯，加大蓝色的应用比例，再用白色、灰色、黑色、红色等色调和，使配色有层次、有重点。

2. 重复配色法则

在空间色彩设计时，若一种色彩仅小面积出现，与空间其他色彩没有呼应，则空间配色会缺乏整体感。这时不妨将这一色彩应用于空间的其他物体，如家具、装饰等，使色彩产生呼应，进而增强整体空间的融合感。

单独一个座椅
形成强调配色

同色调的座椅和装
饰画形成重复配色

/ 案例分析 /

✓ 调整逻辑

将蓝色应用于窗帘、抱枕、盖毯等物，使之产生色彩呼应，空间整体感得到增强。

问题分析 ✘

虽然背景墙上的蓝色装饰挂盘清新、优雅，但卧室中没有与之呼应的色彩，导致配色缺乏整体感。

3. 秩序配色法则

秩序配色可以是通过改变同一色相的色调形成的渐变色组合，也可以是一种色彩到另一种色彩的渐变，如红色渐变到蓝色，中间经过黄色、绿色等。这种色彩搭配的方式，可以使原本对比强烈、刺激的色彩关系变得和谐、有秩序。

/ 案例分析 /

配色逻辑　　抱枕的色彩丰富，紫色渐变到蓝色的过程中途经了紫红色和黄色，令原本跳跃的配色有逻辑可循。

配色逻辑

空间配色柔和、温暖，利用黄色系来实现同一色相的渐变效果，令空间配色统一中不乏变化。

4. 互混配色法则

　　在空间设计时，往往会出现两种色彩不能很好融合的现象，这时可以尝试运用互混配色来调和。例如，选择一种或两种颜色的类似色或邻近色，形成三种或四种色彩，利用类似色或邻近色进行过渡，可以形成协调的色彩印象。

/ 案例分析 /

问题分析 ✖

空间的红色和绿色形成互补色配色，虽然紧凑、醒目，但由于互补色的占比较高，整个空间的配色有些刺激。

✔ 调整逻辑

在空间的局部配色中增加了绿色的邻近色（蓝色），以及红色的类似色（粉色），减弱了视觉冲击感，令空间的色彩融合度更高。

5. 群化配色法则

群化调和是让相邻色面的色相、明度或色调趋于统一，使配色具有统一感。在配色设计时，只要群化一组色面，就会与其他色面形成对比，而同组内的色彩因具有统一感产生融合。群化可以使对比与融合同时存在，让配色兼具丰富感与协调感。

/ 案例分析 /

问题分析 ✖

卧室中的布艺配色过于杂乱，且没有形成统一的色调，色彩搭配缺乏逻辑，令空间显得有些花哨。

✔ 调整逻辑

虽然空间的布艺色彩以橙色和蓝色为主，但对比依然很强，通过色调调整，将布艺的色调统一为深色调，令色彩对比中有了平衡，且具有活力。

第二部分

室内色彩的情绪表达

人看到色彩后，会根据记忆及经验产生联想，从而形成一系列的色彩心理反应，色彩情感与色彩意向也由此产生。了解色彩的情绪表达，能够有针对性地根据居住者的喜好与需求选择合适的家居配色方案。

1. 现代都市型

C0　R0
M0　G0
Y0　B0
K100

C0　R211
M0　G211
Y0　B212
K25

C89　R13
M60　G95
Y25　B144
K0

C50　R102
M81　G50
Y100　B0
K38

◇ 配色方向

客厅是家中其他空间的配色标杆，在设计时应考虑长远性，色彩宜经典。以无彩色为配色核心的现代都市型空间，十分适合客厅配色。

◇ 配色关键点

- 大面积无彩色
- 少量带有灰色的彩色、褐色系

◇ 配色禁忌

① 若用大面积高纯度的彩色来装饰客厅，则客厅不会具有都市气息。

② 尽管以无彩色为主色，但若加入种类过多的彩色，也会削弱现代都市感。

◇ 配色技巧

① 无彩色系的黑、白、灰是非常适合营造现代都市感的色彩。其中灰色可带有彩色倾向，如蓝灰、紫灰等。

② 用无彩色与低纯度的冷色调相搭配，能够表现出都市中素雅、冷峻、带有时尚感的氛围。

③ 在整体配色中加入褐色系做搭配，可以增添厚重、时尚的感觉。

④ 具有都市感的空间也可以使用暖色，但一定要控制面积，且纯度不宜过高。

⑤当空间以无彩色作为主色时，可以利用对比色或互补色进行点缀，但同样应控制面积。

◇ 配色方案

客厅配色以黑、白、灰三色为主，给人现代、利落的视觉感受。三种色彩的明暗变化为空间带来视觉上的变化，以丰富空间层次。

C3 M3 Y3 K0
R248 G248 B248

C46 M40 Y42 K0
R156 G149 B141

C28 M25 Y27 K0
R195 G188 B180

C78 M76 Y73 K51
R50 G44 B44

以无彩色系为主色降低了空间的温度，充分营造出都市的清冷感。再用不同色调的蓝色调整空间的配色层次，使客厅的理性感更强烈。

C11 M12 Y16 K0
R233 G225 B214

C78 M72 Y53 K15
R74 G75 B93

C87 M63 Y42 K2
R40 G95 B125

C80 M76 Y68 K41
R53 G52 B57

C92 M84 Y35 K1
R44 G65 B120

灰色具有强烈的人工感，是具有代表性的都市色彩，搭配带有温暖感的褐色，为空间带来了一丝温度，使其显得更加宜居。

- C22 M16 Y16 K0
  R207 G209 B208
- C54 M44 Y46 K0
  R135 G136 B131
- C51 M65 Y73 K8
  R141 G99 B75
- C0 M0 Y0 K100
  R0 G0 B0

用面积几乎相等的白色与黑色对撞，令空间的现代感呼之欲出。再用少量的红色点缀，整个空间的配色低调而不失活力。

- C0 M0 Y0 K0
  R255 G255 B255
- C78 M74 Y73 K47
  R51 G50 B48
- C71 M63 Y60 K14
  R89 G89 B89
- C54 M39 Y29 K0
  R135 G148 B165
- C43 M87 Y71 K5
  R164 G63 B69

若觉得大面积无彩色系的空间显得单调、乏味，则可以对软装的配色进行调整，例如，运用红色和绿色，使其形成对比，即使是小面积的点缀，也足够惊艳。

C0 M0 Y0 K0
R255 G255 B255

C43 M37 Y35 K0
R160 G156 B155

C58 M68 Y88 K22
R115 G82 B49

C62 M0 Y60 K0
R96 G197 B137

C40 M98 Y67 K3
R174 G32 B70

运用大面积的深灰色做底色，可以营造出有深度的空间氛围。用浓色调的红色与蓝色加以点缀，可以减弱空间的沉寂感，使空间现代感与时尚感并存。

C68 M58 Y56 K6
R101 G103 B102

C0 M0 Y0 K0
R255 G255 B255

C26 M27 Y49 K0
R203 G186 B140

C57 M97 Y85 K47
R90 G20 B30

C77 M58 Y44 K2
R76 G104 B125

2. 高级极简型

C0 R211	C0 R0	C30 R190
M0 G211	M0 G0	M33 G172
Y0 B212	Y0 B0	Y37 B155
K25	K100	K0

◇ 配色方向

和现代都市型的客厅配色相比，高级极简型的客厅用色更加节制，除了黑、白、灰和浅木色，一般不会出现其他色彩。

◇ 配色关键点

- 大面积白色
- 灰色、黑色和浅木色常为配角色

◇ 配色禁忌

高级极简型的客厅在配色上，最关键的就是用色要节制。例如，黑色是可以出现的色彩，但其面积不应过大。

◇ 配色技巧

① 设计高级极简型的客厅通常大面积使用白色，同时家具和装饰，都采用极简线条。

② 黑色、灰色和白色同属无彩色系，搭配起来和谐度较高，是高级极简型客厅中常用的色彩。

③ 灰色自带高级感，因此是非常适合高级极简型客厅的色彩。若希望家中的氛围不至于过分清冷，可以尝试用米灰色做主色。

④ 浅木色也是适合出现在高级极简型客厅中的色彩，应用于墙面、地面或大型家具均可。

◇ 配色方案

以大面积的白色作为背景色，奠定了客厅干净、通透的基调。再把明度较高的浅灰色作为主角色，增强了空间的高级感。带有灰调的褐色系木质墙面和隔断则为空间带来了一丝暖意。

C0 M0 Y0 K0
R255 G255 B255

C34 M28 Y24 K0
R181 G179 B182

C59 M57 Y58 K3
R124 G111 B102

C0 M0 Y0 K100
R0 G0 B0

以白色和浅灰色为主色的空间，简洁、利落，视觉上给人通畅感。虽然电视柜上的浅木色面积较小，但依然可以令配色层次得以丰富。

C0 M0 Y0 K0
R255 G255 B255

C44 M38 Y29 K0
R158 G155 B164

C30 M33 Y37 K0
R192 G173 B156

以白色为主色，再用褐色系的地面和部分定制柜的色彩来增添温暖之感，使整个空间的配色干净、整洁，又令人心安。少量黑色的加入，则令空间的配色有了视觉重心，显得更加稳定。

○ C0 M0 Y0 K0
R255 G255 B255

● C29 M41 Y53 K0
R192 G157 B121

● C0 M0 Y0 K100
R0 G0 B0

大面积干净的白色与落地窗共同打造出一个明亮、通透的客厅。而室内的软装大部分以灰色和黑色为主，与整体空间的色彩搭配和谐。带有一丝暖调的暖褐色地毯，柔和又质朴，活跃了空间的气氛。

○ C0 M0 Y0 K0
R255 G255 B255

● C38 M28 Y26 K0
R172 G176 B179

● C29 M31 Y36 K0
R195 G178 B160

● C0 M0 Y0 K100
R0 G0 B0

米灰色高级而柔和，将其作为空间的主要颜色大面积使用，能够塑造出明亮的居室环境，还可以令客厅显得雅致，适宜居住。

● C45 M42 Y47 K0
　R157 G145 B130

● C55 M72 Y93 K23
　R117 G75 B41

3. 精致轻奢型

C0　R247
M0　G248
Y0　B248
K5

C0　R137
M0　G137
Y0　B137
K60

C29　R192
M25　G187
Y22　B188
K0

C43　R163
M54　G125
Y76　B76
K0

◇ 配色方向

客厅作为家中的主要空间，可以体现出居住者的品位，打造精致轻奢的客厅有助于体现居住者的高雅格调。

◇ 配色关键点

- 大面积干净的主色
- 中灰或浅灰
- 用金色点缀

◇ 配色禁忌

无论是主色，还是搭配色，均不宜使用暗色调或暗灰色调，否则空间容易显得沉重，削弱空间的精致感。

◇ 配色技巧

① 要打造具有精致感的客厅，应选择能体现出洁净感的色彩作为主要用色，再用金色作为点缀，就能轻松营造出氛围感。另外，精美的石膏线和金色丝绒等元素也是提升格调的好帮手。

② 打造有精致感的客厅使用的灰色不宜过深，面积占比以中灰或浅灰为宜。

③ 暖色和冷色均可以作为精致轻奢型客厅的点缀色，主要可以体现在家具、窗帘等物品上。

④ 精致型的客厅对配色的包容度较高，即使色彩较多也不会破坏空间的精致感。

◇ 配色方案

以白色与灰色为主色的空间高级又明亮，使人观之舒畅。再用少量的金色调整，精致的气息扑面而来。墙面上的金色丝绒硬包虽然面积不大，但足够吸睛，大幅增强客厅的质感。

○ C0 M0 Y0 K0
　R255 G255 B255

● C73 M66 Y58 K13
　R87 G86 B92

● C39 M31 Y33 K0
　R170 G169 B164

● C43 M54 Y76 K0
　R167 G127 B76

客厅的配色比较节制，除了无彩色系和褐色，几乎没有出现其他色彩，仅仅是在部分家具的腿部和墙面装饰盘中出现了少量的金色，用以增强空间的精致感。

○ C0 M0 Y0 K0
　R255 G255 B255

● C29 M25 Y22 K0
　R192 G188 B189

● C70 M75 Y78 K47
　R67 G50 B43

● C0 M0 Y0 K100
　R0 G0 B0

● C59 M66 Y77 K18
　R115 G87 B65

在以白色和灰色为主色的客厅中，用红色的丝绒沙发提高空间的视觉活跃度，再将少量金色表现在灯具和墙面装饰中，让居室的精致感大大增强。

C27 M24 Y28 K0
R197 G191 B179

C0 M0 Y0 K0
R255 G255 B255

C64 M62 Y52 K4
R113 G102 B108

C54 M100 Y100 K43
R101 G0 B8

C55 M59 Y89 K10
R131 G105 B56

客厅中的主要色彩为米灰色和浅灰色，不同色调的灰色使空间和谐又具有视觉变化，再用少量同样带有灰调的蓝色来丰富空间的色彩，局部点缀金色，这样的配色透出很强的高级感和精致感。

C38 M33 Y36 K0
R174 G167 B157

C36 M27 Y29 K0
R180 G179 B174

C81 M62 Y58 K13
R61 G90 B96

C32 M39 Y54 K0
R189 G161 B122

将灰色系应用于客厅的墙面和地面，非常高级，再用白色进行衔接，过渡自然。值得一提的是，客厅中的软装虽然采用了丰富的有彩色，但色调统一在柔和色调和浊色调之间，这样在丰富空间配色层次的同时，不会破坏原有的质感。

C0 M0 Y0 K0
R255 G255 B255

C49 M39 Y40 K0
R147 G149 B144

C51 M43 Y32 K0
R142 G141 B153

C67 M48 Y30 K0
R103 G127 B155

C42 M34 Y100 K0
R173 G161 B13

C45 M43 Y22 K0
R157 G147 B171

4. 温馨治愈型

C50 R141	C5 R244	C38 R172	C43 R163
M0 G198	M8 G236	M33 G166	M54 G125
Y75 B97	Y11 B227	Y36 B156	Y76 B76
K0	K0	K0	K0

◇ 配色方向

具有温暖治愈感的客厅，表现出的是平和而又舒缓的氛围，配色不宜过于活跃、激烈或者过于沉闷。这样的客厅可以给人带来安全感，是适合大众的居住空间。

◇ 配色关键点

- 大面积木色
- 奶油白
- 暖色点缀

◇ 配色禁忌

暖色使人感觉温暖，冷色使人感觉凉爽、冷硬。塑造具有温暖气氛的客厅，应以暖色为背景色及主色，避免让冷色占据过大面积，否则将会失去温暖感。

◇ 配色技巧

① 奶油白既拥有白色的通透感，又有一丝黄色带来的暖意，非常适合作为温馨治愈型客厅的主色。

② 米灰色也是打造温暖治愈型客厅的极佳色彩，并且可以令空间呈现出淡淡的高级感。

③ 暖色令人感觉到暖意，用其作为主角色、配角色或是点缀色，均能营造出温暖、轻松的氛围。

④ 除了黄色、红色等暖色系色彩，木色也是能够体现出温暖感的绝佳色彩，并且有材质的帮助，十分有助于营造空间的温馨氛围。

⑤ 在以木色、奶油白等为主色的空间加入绿色软装或者绿植的点缀，则能够令空间更加宜居、治愈。

◇ 配色方案

客厅的定制电视柜为奶油白色，这种微黄的白色更具亲和力，能够使空间显得更加温暖。奶油白色与纯白色搭配和谐又自然，再加入少量较深的红色来稳定空间色彩，令整个室内配色充满了治愈气息。

C15 M19 Y28 K0
R224 G208 B186

C39 M42 Y54 K0
R172 G149 B119

C28 M38 Y54 K0
R194 G162 B120

C54 M79 Y83 K25
R117 G63 B48

白色和米灰色为主色的客厅低调、淡雅，适宜居住。为了避免空间配色的单调，在墙面加入了拱形造型，利用圆润的线条来调和棱角分明的空间。

C0 M0 Y0 K0
R255 G255 B255

C31 M28 Y31 K0
R188 G180 B170

C60 M64 Y67 K12
R116 G93 B80

白色、灰色和浅木色作为客厅的背景色，和谐、自然，又干净、温和。而局部用红色点缀，令原本平静的空间出现了活跃的元素，让空间具有灵动性。

C0 M0 Y0 K0
R255 G255 B255

C32 M29 Y32 K0
R186 G178 B167

C37 M41 Y47 K0
R175 G152 B132

C59 M80 Y74 K32
R100 G56 B53

以木色作为空间的主要色彩，大幅增强了客厅的暖意。白色是包容度非常高的色彩，与木色搭配起来非常和谐。

C0 M0 Y0 K0
R255 G255 B255

C35 M46 Y63 K0
R180 G144 B99

C0 M0 Y0 K100
R0 G0 B0

将浅木色应用于电视柜和地面，使空间显得更加柔和、温暖。富有生机的绿色出现在软装配色之中，不仅为空间注入了自然气息，还令空间显得更加文艺。

C0 M0 Y0 K0
R255 G255 B255

C41 M51 Y64 K0
R168 G131 B96

C48 M42 Y42 K0
R150 G145 B139

C73 M54 Y89 K15
R82 G99 B58

C21 M47 Y65 K0
R208 G150 B95

5. 自然生机型

C22 R210	C47 R149	C76 R73	C33 R184
M6 G222	M17 G182	M48 G110	M50 G138
Y38 B175	Y49 B144	Y90 B69	Y63 B98
K0	K0	K9	K0

◇ **配色方向**

自然生机型的客厅具有放松身心的作用，让人在家也能感受到户外的清新。在配色时，应充分考虑来自自然界的色彩。

◇ **配色关键点**

- 明亮色调、强烈色调的绿色作主色
- 绿色搭配褐色是很经典的自然色彩组合

◇ **配色禁忌**

暗色调、暗灰色调的绿色容易令空间显得暗沉，丧失生机感，并不适合自然生机型配色。

◇ **配色技巧**

① 毫无疑问，绿色是适合用于自然生机型客厅中的色彩。但需要注意的是，最好选择一些明亮色调的绿色作为主色，可以增加空间的清新感。

② 绿色和褐色的组合是很经典的自然色彩组合，不论是鲜艳的还是素雅的，都能体现自然美。

③ 绿色也可以表现在绿植上，在自然生机型的客厅中，摆放一些大型的绿植是有效凸显自然气息的方法。

◇ 配色方案

将大面积的深绿色应用于墙面，会营造出一种浓郁又不乏生机的氛围。深绿色与褐色系结合使用，凭借两种色彩本身具有的自然、温馨属性，非常适宜打造具有生机感的客厅。

C88 M47 Y69 K0
R0 G109 B93

C0 M0 Y0 K0
R255 G255 B255

C54 M81 Y90 K29
R113 G57 B38

C0 M0 Y0 K100
R0 G0 B0

在干净的以白色系为主色的客厅中，加入绿色作为点缀色，营造出悠然、放松的氛围。地面铺设的亚麻色地毯则加强了空间的自然气息。

C0 M0 Y0 K0
R255 G255 B255

C46 M47 Y51 K0
R156 G137 B120

C79 M75 Y78 K54
R43 G43 B38

C73 M54 Y90 K17
R81 G97 B56

以清雅的绿色作为墙面背景色，令客厅仿若拥有了春天萌动的气息，带给人一种新鲜感。搭配的木色质朴、温润，同样展现了空间的自然美。

○ C0 M0 Y0 K0
R255 G255 B255

● C45 M32 Y61 K0
R158 G160 B113

● C28 M40 Y51 K0
R194 G160 B125

● C36 M28 Y27 K0
R177 G177 B177

绿色系和褐色系的组合具有朴素、放松的自然气息，能够使人感到安定、祥和。而白色作为色彩之间的过渡，会令空间显得更加明亮。

○ C0 M0 Y0 K0
R255 G255 B255

● C71 M53 Y68 K9
R89 G106 B87

● C39 M61 Y79 K1
R170 G114 B67

空间的色彩可以表现在材质上。当褐色表现在木质背景墙上，空间的自然气息倾泻而出。再用绿植作为客厅中的点缀色，带有原野气息的空间就这样清晰地呈现在人们面前。

○ C0 M0 Y0 K0
R255 G255 B255

● C0 M0 Y0 K100
R0 G0 B0

● C45 M36 Y32 K0
R155 G156 B160

● C64 M43 Y83 K2
R112 G129 B73

● C26 M29 Y42 K0
R198 G180 B149

6. 清新怡人型

C41　R160
M2　G212
Y22　B207
K0

C49　R141
M22　G176
Y19　B193
K0

C42　R159
M21　G184
Y9　B211
K0

C44　R157
M17　G185
Y41　B159
K0

C0　R247
M0　G248
Y0　B248
K5

◇ 配色方向

清新怡人型的客厅配色同样适合大众选择。以冷色为主、色彩对比度较低、整体配色以融合感为基础，是清新怡人型色彩印象的基本要求。

◇ 配色关键点

- 接近白色的淡色调蓝色和绿色
- 白色是最合适与蓝色搭配的色彩

◇ 配色禁忌

塑造清新氛围的客厅，应谨慎使用暖色。避免将暖色作为背景色和主角色使用，如果暖色占据主要位置，空间则会失去清爽感。

◇ 配色技巧

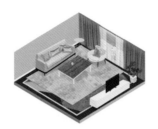

① 淡色调蓝色越接近白色，越能体现出清新的视觉效果，非常适合在打造清新怡人型客厅时大面积使用。

② 除了蓝色，绿色也是非常适合表现清新感的色彩，但应注意的是，为了避免给空间营造自然、生机的氛围，绿色应作为配角色出现，面积不宜过大。

③ 在清新怡人型客厅中，白色是非常适合与蓝色搭配的色彩，明度均较高的色彩搭配在一起，可以大幅提高空间的亮度。

④ 如果希望家中的氛围具有柔美的基调，可以选用偏白或偏灰的粉色与明度略高的蓝色进行搭配，会产生意想不到的配色效果。

◇ 配色方案

白色与蓝色搭配是为空间带来清爽气息的经典手法，加入偏暖的灰褐色，则令空间的清冷感减弱，为客厅注入了一丝温暖感，但柔和的色彩不会影响空间清新感的表达。

C0 M0 Y0 K0
R255 G255 B255

C15 M19 Y20 K0
R222 G209 B200

C73 M61 Y52 K5
R89 G98 B107

C48 M32 Y30 K0
R147 G160 B166

大面积蓝、白组合的色彩搭配可以营造出清新、文雅的氛围。以高明度的米灰色作为主角色可以给人留下轻柔、温和的色彩印象，避免空间过于冷硬，失去舒适感。

C0 M0 Y0 K0
R255 G255 B255

C21 M18 Y23 K0
R209 G205 B193

C64 M60 Y64 K10
R107 G99 B89

C82 M71 Y42 K4
R68 G81 B114

C93 M72 Y45 K7
R21 G76 B108

清新感的形成离不开冷色系，而居住空间应以舒适为主要追求。因此，可以在冷色系的空间加入褐色系来调整，既能凸显主体风格，又令客厅不失温和感。

C0 M0 Y0 K0
R255 G255 B255

C24 M18 Y18 K0
R203 G203 B203

C73 M51 Y57 K3
R84 G113 B108

C52 M59 Y72 K5
R140 G110 B79

以蓝色作为墙面背景色，绿色作为主角色，将类似的颜色搭配使用，让空间既和谐又具有色彩变化，显得十分灵动。另外，蓝色与绿色均带有清新的视觉感受，可以将空间的风格特征进行强化。

● C82 M65 Y50 K8
R60 G87 B105

● C20 M15 Y13 K0
R212 G212 B214

● C61 M43 Y79 K1
R119 G131 B79

● C75 M77 Y66 K37
R66 G53 B60

用明度略高的蓝色与白色搭配，设计出的空间明亮、通透，又清新。若希望空间的色彩带有一丝变化，则可以加入少量明度同样较高的粉色做点缀，从而打造出一个略带甜美气息的清新怡人型客厅。

○ C0 M0 Y0 K0
R255 G255 B255

● C40 M21 Y22 K0
R165 G184 B191

● C67 M42 Y29 K0
R97 G132 B157

● C27 M22 Y22 K0
R196 G195 B192

● C22 M27 Y24 K0
R207 G189 B183

7. 精美浪漫型

C9	R234	C10	R225	C19	R213	C11	R218
M22	G207	M50	G152	M16	G212	M78	G85
Y21	B195	Y22	B163	Y2	B231	Y64	B77
K0		K0		K0		K0	

◇ 配色方向

法式风格是近几年较为受欢迎的风格，在配色上表现出精美浪漫的感觉，通常利用红色、粉色、紫色等具有浪漫气息的色彩来塑造空间氛围。

◇ 配色关键点

- 粉红色系
- 神秘而高贵的紫色

◇ 配色禁忌

明亮的粉色、粉紫、紫红、淡蓝和复古绿之中的几种组合起来能够营造精美浪漫的氛围。反之，如果使用暗色调的色彩或者冷色互相搭配则不会产生这样的效果。

◇ 配色技巧

① 在所有的色相中，粉红色是极具浪漫气息的色彩，适合做大面积的背景色或主角色。

② 紫色高贵而神秘，也是适合营造浪漫氛围的色彩，若单独出现，其色调不宜过深，若搭配粉色可以增强空间的唯美感。

③ 当红色出现在精美浪漫型的客厅配色中，应注意面积不宜过大。若搭配金色，可以让空间产生精美感。

④ 暖色与绿色搭配，虽然具有强对比性，但也可以在设计精美浪漫型客厅时使用，注意两者的面积不宜相同，应能根据其面积大小区分出主次。其中，绿色最好为深色，带有复古感，可以提升空间品质。

◇ 配色方案

在客厅中用带有灰调的红色作为背景色，再搭配不同明度的灰色，可以营造出高级又浪漫的空间氛围。

○ C0 M0 Y0 K0
R255 G255 B255

● C36 M33 Y33 K0
R176 G167 B162

● C17 M13 Y15 K0
R217 G217 B213

● C43 M64 Y49 K0
R162 G109 B111

● C0 M0 Y0 K100
R0 G0 B0

红色代表着热烈，是令人眼前一亮的色彩，非常适合用于营造空间的浪漫氛围。若结合金色来进行空间配色，则可以将精美的气息注入室内空间。

○ C0 M0 Y0 K0
R255 G255 B255

● C51 M53 Y73 K2
R145 G122 B82

● C53 M95 Y97 K37
R105 G29 B25

客厅中的沙发为紫色和粉色，两种颜色均是能够产生浪漫感的色彩。再用白色和灰色作为空间的主要用色，色彩之间形成了明度差，增强了视觉张力。

C0 M0 Y0 K0
R255 G255 B255

C31 M27 Y20 K0
R187 G182 B189

C65 M73 Y50 K0
R115 G85 B104

C48 M78 Y61 K5
R147 G78 B84

偏暗的红色和绿色刺激感较低，带有复古感，再用金色调整，使整个空间既精美又浪漫。

C0 M0 Y0 K0
R255 G255 B255

C48 M48 Y51 K0
R151 G133 B119

C81 M64 Y82 K40
R46 G64 B48

C46 M93 Y100 K16
R141 G45 B34

C14 M24 Y81 K0
R226 G194 B66

将祖母绿应用在丝绒沙发上，可以轻松将空间的质感激发出来。再搭配明亮的橙色和金色，客厅的格调顿时变得更加高雅。

C0 M0 Y0 K0
R255 G255 B255

C0 M0 Y0 K100
R0 G0 B0

C11 M50 Y68 K0
R225 G149 B85

C90 M56 Y75 K21
R4 G87 B73

C59 M66 Y92 K22
R111 G83 B44

验证码：22022

8. 热情活力型

◇ 配色方向

若居住者是年轻人，客厅的用色可以大胆一些，如采用明亮的多色搭配来塑造热情活力型的空间。这样的空间可以带来灵动感。

◇ 配色关键点

- 明亮色
- 明度和纯度较高的主色
- 暖色系
- 多色搭配

◇ 配色禁忌

有活力氛围的客厅主要以明亮的暖色为主色，加入冷色调节可以提升配色的张力。但若以冷色或者暗沉的暖色为主色，则会使客厅失去热情、有活力的氛围。

◇ 配色技巧

① 设计具有活力的配色方案，要以明度和纯度较高的色彩为主色。

② 明亮的橙色、黄色和红色具有热烈、活跃的感觉，是表现活力时经常用到的色彩。

③ 在色相的组合上，以暖色为中心，加入纯度和明度较高的绿色和蓝色作为配角色或点缀色，能够使色彩组合显得更加开放，增强明朗、热情的感觉。

④ 全相型配色方式很适合用来彰显具有热情、活力的氛围。

◇ 配色方案

以白色和黑色为主色的空间，即使软装采用了丰富的配色，也不会显得凌乱，色彩之间的强烈对比展现出了空间的活跃感。

○ C0 M0 Y0 K0
R255 G255 B255

● C77 M70 Y69 K35
R61 G63 B62

● C49 M82 Y72 K13
R137 G66 B64

● C42 M41 Y47 K0
R164 G149 B131

● C16 M27 Y58 K0
R221 G189 B119

● C88 M69 Y73 K43
R25 G55 B53

红色具有天然的活力，将其作为点缀色，可以令空间显得轻松、活泼。黄色和木色可以为空间增添明朗、温暖的气息。再用大面积的白色做主色，可以适当缓解暖色带来的刺激感。

○ C0 M0 Y0 K0
R255 G255 B255

● C43 M54 Y70 K0
R163 G126 B86

● C24 M20 Y56 K0
R205 G196 B128

● C32 M92 Y86 K1
R181 G53 B49

以黄色这种明亮的暖色作为配色中心，再搭配粉色、蓝色、紫色、绿色等色彩来活跃空间氛围。全相型配色关系形成的开放型配色，极具视觉张力。

C26 M33 Y58 K0
R200 G172 B116

C13 M11 Y7 K0
R227 G226 B230

C81 M66 Y36 K1
R67 G91 B127

C22 M51 Y27 K0
R203 G143 B154

C49 M36 Y14 K0
R144 G154 B187

C38 M82 Y87 K2
R170 G75 B51

C76 M47 Y70 K4
R73 G116 B92

客厅的配色丰富又鲜艳，色彩之间的对比极强，且所用到的色彩纯度均相对较高，给人明艳的视觉感受。这样的空间配色比较适合年轻一族。

- C80 M61 Y53 K8
  R64 G94 B104

- C58 M30 Y48 K0
  R121 G154 B137

- C48 M10 Y24 K0
  R142 G194 B196

- C42 M33 Y33 K0
  R163 G163 B161

- C26 M75 Y33 K0
  R193 G92 B122

- C24 M36 Y76 K0
  R203 G166 B77

客厅的整体配色较为冷静，虽然出现了红绿对比配色，但色彩的明度和纯度均较低，对比并不激烈。空间配色的活跃感来自红黄两色组成的儿童座椅，即使面积不大，也足够点亮空间。

- C0 M0 Y0 K0
  R255 G255 B255

- C75 M57 Y67 K14
  R78 G96 B84

- C56 M76 Y73 K23
  R114 G68 B61

- C51 M100 Y100 K32
  R115 G21 B26

- C55 M49 Y52 K0
  R135 G127 B117

- C0 M0 Y0 K100
  R0 G0 B0

- C42 M45 Y100 K0
  R166 G139 B33

9. 个性潮流型

 C0 R0 M0 G0 Y0 B0 K100

 C0 R137 M0 G137 Y0 B137 K60

 C33 R179 M0 B35 K1

 C81 R51 M57 G82 Y100 B41 K29

 C100 R0 M0 G160 Y0 B233 K0

 C10 R221 M69 G108 Y84 B49 K0

◇ 配色方向

个性潮流型客厅配色比较夸张，适合年轻一族，这类人群且一般从事艺术型工作。

◇ 配色关键点

- 大面积黑色
- 对比色
- 撞色

◇ 配色禁忌

① 个性潮流型的客厅配色讲究利用色彩来创造视觉上的冲击，因此不适合柔美、淡雅的配色。

② 大面积的白色过于干净、明亮，因此也不适用于个性潮流型的客厅配色。

◇ 配色技巧

① 大面积黑色容易带来视觉上的强烈冲击，适合用于营造个性、艺术化的客厅氛围。

② 在大面积黑色或深灰色的空间加入红色点缀，可以形成色彩上的跳跃感，令客厅更有视觉张力。

③ 红色与绿色相搭配，容易带来视觉上的刺激感。不同于精美浪漫型的客厅用色，在个性潮流型的客厅中，强调红色与绿色的强对比性，两者可以大面积使用，且色彩宜浓烈。

④ 橙、蓝等撞色也是打造个性潮流型客厅的配色手法。可以选择一种色彩作为背景色，另一种色彩作为主角色，强烈的对撞效果使空间极具张力。

◇ 配色方案

以不同明度的灰色作为空间的主色，大大增强了空间的神秘感与力量感。由于色彩之间具有明度变化，产生的通透感使整个空间显得并不压抑。

● C79 M74 Y71 K44
R51 G52 B52

● C38 M34 Y34 K0
R172 G165 B159

● C66 M70 Y78 K34
R85 G66 B53

● C54 M87 Y67 K19
R123 G54 B65

以灰色系作为空间主色，可以奠定客厅沉稳的基调，再加入红色，增添了热烈感。这样的色彩对撞，令空间充满了视觉张力。

● C47 M38 Y39 K0
R151 G151 B147

● C82 M78 Y79 K63
R31 G30 B28

● C48 M87 Y100 K20
R133 G54 B33

将纯度较高的红色表现在造型和图案较为夸张的灯具和装饰画中，足够吸睛。深灰色的背景空间将红色衬托得更加浓艳，再用与之冲突的蓝色作为配角色，整个空间的配色将空间的戏剧化风情展现到极致。

C27 M21 Y20 K0
R196 G195 B195

C53 M50 Y48 K0
R139 G127 B123

C18 M96 Y81 K0
R204 G38 B49

C76 M51 Y36 K0
R72 G115 B140

饱和度较高的红绿色对比搭配，可以获得令人惊艳的配色效果。再加上夸张的软装图案，整个客厅空间体现出艺术性。

C5 M4 Y6 K0
R246 G245 B241

C30 M42 Y52 K0
R190 G154 B121

C44 M100 Y92 K13
R146 G29 B41

C71 M49 Y72 K0
R89 G114 B86

C14 M22 Y63 K0
R226 G199 B110

橙色与蓝色，一个彰显着时尚与奢华，一个代表着高贵与优雅。在家居设计中应用这组色彩，张扬与沉静尽显，强势吸睛，洋溢着青春的躁动，体现时尚与个性。

● C94 M70 Y47 K8
R2 G78 B106

● C91 M64 Y27 K0
R6 G90 B140

● C1 M82 Y87 K0
R232 G80 B37

● C49 M39 Y41 K0
R147 G148 B143

10. 中式禅意型

C57　R128
M48　G128
Y45　B129
K0

C52　R124
M78　G68
Y68　B51
K21

C49　R141
M69　G89
Y100　B37
K11

C96　R0
M74　G72
Y8　B102
K10

◇ 配色方向

一些别墅或面积较大的户型适合营造中式禅意风格，这种风格可以体现出居住者的身份与品位。在配色时，可以充分借鉴传统中式风格的配色，以及提炼具有中式文化底蕴的配色。

◇ 配色关键点

- 灰色调
- 饱和度低的配色

◇ 配色禁忌

中式禅意氛围适合具有厚重感的深暗暖色系，而明亮的暖色系温馨、安宁，缺乏厚重感，并不适合营造此氛围。

◇ 配色技巧

① 传统的低饱和度配色，依然是塑造中式禅意型客厅的配色手法。

② 用浅木色作为家具或墙面的配色，再搭配白色或浅灰色，也是能够体现禅意的配色手法。这样的配色方式更加柔和，容易被大众接受。

③ 灰色调雅致而高级，适合用于营造中式氛围，这种氛围让人仿佛置身于雾气氤氲的古镇。

④灰色与蓝色搭配，既高级又清雅，能够彰显文化底蕴。其中，蓝色可以选择青花瓷蓝。

◇ 配色方案

以白色作为客厅主色，家具和部分墙面采用暖褐色与深褐色两种类似的颜色，塑造出具有稳定感的空间氛围。再用少量的红色、蓝色做点缀，增强空间配色的层次感。

C0 M0 Y0 K0
R255 G255 B255

C63 M73 Y88 K39
R86 G59 B38

C71 M76 Y79 K49
R63 G46 B39

C82 M69 Y51 K11
R61 G80 B99

C43 M39 Y46 K0
R161 G151 B133

C52 M95 Y100 K33
R112 G31 B26

米灰色淡雅、柔和，与同样柔和的木色搭配更为和谐。在这样的空间氛围中生活，可以令人的心境变得平和、安定。

C30 M29 Y30 K0
R189 G179 B170

C55 M69 Y91 K21
R119 G80 B45

C45 M47 Y57 K0
R157 G137 B110

以灰色作为主色的空间，显得高雅、悠远。为避免色调具有的现代感过于强烈，令空间的禅意气息被压制，可以多选用一些展现中式风情的软装。

○ C0 M0 Y0 K0
R255 G255 B255

● C68 M59 Y55 K0
R102 G103 B105

● C28 M19 Y19 K0
R195 G199 B200

● C57 M75 Y68 K19
R116 G72 B69

以灰色为主色塑造的空间节制又理性，再用淡雅、温和的灰绿色作为点缀色，增加了空间的清透感，也令整个客厅拥有了轻松的氛围。

○ C0 M0 Y0 K0
R255 G255 B255

● C16 M17 Y18 K0
R221 G212 B205

● C39 M31 Y31 K0
R170 G170 B168

● C78 M55 Y57 K6
R69 G103 B105

在以灰色为主色的空间加入同样带有灰调的蓝色做点缀，既和谐，又充满了视觉变化。墙面上悬挂的黑白相间的书法装饰画则是营造中式风情的关键装饰物。

- C39 M35 Y37 K0
  R171 G161 B152

- C31 M24 Y24 K0
  R187 G186 B186

- C4 M4 Y4 K0
  R246 G246 B246

- C91 M81 Y48 K12
  R42 G62 B96

- C0 M0 Y0 K100
  R0 G0 B0

第 ⑤ 章 餐厅

1. 温暖明快型

C0 R231	C10 R239	C2 R241
M96 G30	M0 G234	M49 G154
K0	Y83 B58	Y90 B30

C15 R211	C4 R244	C4 R232
M91 G56	M26 G197	M65 G119
Y92 B35	Y84 B51	Y85 B45
K0	K0	K0

◇ 配色方向

餐厅是用餐空间，其配色应尽可能增强进餐者品尝美食的愉悦感。

◇ 配色关键点

- 具有热烈感的色彩
- 高纯度或接近纯色的暖色

◇ 配色禁忌

① 大面积采用高纯度的冷色，容易带来消极、冷硬的感觉，不适合用来促进食欲。

② 厚重、暗沉的暖色过于沉郁，同样不适合大面积使用。

◇ 配色技巧

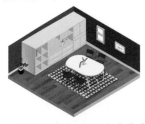

① 可采用单独的一种暖色作为空间的主色或者强调色，用以增强餐厅的活力。

② 选用两种暖色进行搭配，例如，用明度略低的橙色搭配黄色，能够使温暖而有食欲的餐厅氛围更浓。

③ 除了暖色，冷色也可以作为点缀色来调整空间配色，但应掌握好运用比例，占比不宜过高。

④ 褐色也是不错的搭配色，可以中和高纯度暖色的刺激感，令餐厅给人的感觉更加舒适。

⑤ 若喜欢稍显轻快一些的配色，可以用白色与之搭配。例如，将白色作为主色大面积使用，局部搭配橙色、黄色或红色的家具等，可以缓和空间的刺激感，显得明快。

◇ 配色方案

以纯度较高的红色作为墙面背景色可以提升空间的活力，再用降低了纯度的红色座椅与之形成色彩呼应，重复配色的手法使空间的整体性更强。

● C18 M90 Y83 K0
  R205 G57 B48

● C51 M100 Y100 K32
  R114 G21 B26

● C45 M37 Y33 K0
  R155 G154 B157

白色与橙色搭配，给人的色彩印象是干净、和煦，在这样的空间进餐，心情也会变得轻松起来。

○ C0 M0 Y0 K0
R255 G255 B255

● C17 M70 Y85 K0
R210 G104 B48

● C59 M40 Y82 K0
R124 G138 B76

以暖调的橙红色作为墙面主色，再用门洞的亮黄色做跳色，打造出令人眼前一亮的用餐氛围。棕色地面和家具中和了一部分暖色的燥热感，使空间配色多了一丝沉稳感。

● C64 M67 Y64 K15
R105 G85 B81

● C27 M78 Y80 K0
R192 G86 B58

● C13 M23 Y89 K0
R228 G194 B38

以白色为主色，大幅增强空间的通透感，浅木色的地板带来温馨气息，亮黄色餐椅的出现成为点睛之笔。

C0 M0 Y0 K0
R255 G255 B255

C9 M10 Y87 K0
R240 G220 B39

C12 M17 Y20 K0
R229 G215 B203

红色与棕色搭配，温暖中不乏质朴，这样的色彩搭配既令餐厅显得活力十足，又不会过于刺激视觉神经，是能够促进食欲的奇妙配色。

C41 M88 Y66 K3
R163 G61 B73

C41 M51 Y64 K0
R168 G131 B96

C5 M4 Y6 K0
R246 G245 B241

2. 通透干净型

C50 R141	C29 R192	C18 R216	C6 R242
M0 G198	M25 G187	M14 G216	M5 G242
Y75 B97	Y22 B188	Y13 B216	Y5 B242
K0	K0	K0	K0

◇ 配色方向

一般来说餐厅的面积相对较小，且通常为开放型，因此适合可以表现出通透干净感的色彩。

◇ 配色关键点

- 明度最高的白色
- 中等明度以下的灰色
- 点缀色不超过三种

◇ 配色禁忌

① 避免采用多种面积相等的色彩进行搭配，容易令餐厅显得凌乱，失去简约感。

② 点缀色不宜采用过多鲜艳的色彩，会分散人的注意力，令餐厅配色失去整体感。

◇ 配色技巧

① 以白色为主色，搭配木色，干净、温暖，适合作为大多数家庭的餐厅配色。

② 白色与灰色搭配既干净，又高级，再运用少量金色做点缀，可增强餐厅的精致感。

③ 中等明度以下的灰色作为主色，也可以用于展现干净通透的餐厅。

④ 若觉得单一的白色或灰色过于单调，可以选择一种有彩色做点缀色，再通过明度或纯度的变化来丰富餐厅的配色层次。

⑤ 与主色搭配的点缀色，适合采用莫兰迪色系。

◇ 配色方案

白色与木色搭配，给人的色彩印象是舒适、治愈的，不带有丝毫压迫感，可以营造出令人身心放松的餐厅氛围。

○ C0 M0 Y0 K0
R255 G255 B255

● C37 M56 Y72 K0
R175 G125 B80

● C81 M56 Y100 K27
R52 G85 B42

相对于白色和木色搭配，灰色与浅木色的搭配显得更加高级、雅致，但依然保留了餐厅的通透、明亮感。

● C33 M31 Y35 K0
R184 G173 B159

● C38 M42 Y51 K0
R174 G150 B124

● C5 M6 Y7 K0
R244 G240 B237

白色作为主要的背景色可以奠定出明亮的餐厅基调，浅木色的地面则增强了空间的温暖感。作为视觉中心的餐椅配色高级又精致，灰色和金色的搭配令原本有些单调的餐厅变得高雅。

○ C0 M0 Y0 K0
R255 G255 B255

● C40 M35 Y34 K0
R167 G161 B158

● C44 M43 Y54 K0
R160 G143 B118

黑色并非不能出现在通透干净型餐厅中，适当使用能够令空间配色显得更加稳定。在本方案中，黑白两色搭配有度，黄色作为跳色，活跃了空间的氛围。

○ C0 M0 Y0 K0
R255 G255 B255

● C85 M82 Y77 K66
R25 G23 B26

● C63 M56 Y53 K2
R114 G111 B110

● C61 M69 Y76 K23
R107 G79 B62

● C55 M72 Y100 K25
R114 G73 B33

采用白色做主色体现餐厅追求宽敞、明亮的诉求，褐色系的出现平衡了过多白色带来的距离感，再加入一些绿植点缀，使空间更加舒适。

○ C0 M0 Y0 K0
R255 G255 B255

● C20 M20 Y20 K4
R213 G204 B199

● C56 M68 Y76 K15
R122 G86 B65

● C64 M42 Y72 K1
R110 G132 B91

以白色作为主色，令餐厅显得宽敞、明亮，搭配木色可以增加沉稳感和温暖感。用少量灰色调的淡山茱萸粉点缀，令空间的整体氛围更为舒适、放松。

○ C0 M0 Y0 K0
R255 G255 B255

● C42 M61 Y65 K1
R163 G113 B90

● C35 M44 Y47 K0
R180 G149 B129

● C22 M35 Y31 K0
R206 G174 B165

3. 清新自然型

C42 R163	C46 R150	C57 R126	C23 R205	C10 R227
M6 G201	M19 G181	M39 G143	M31 G180	M44 G164
Y56 B136	Y34 B171	Y34 B153	Y37 B158	Y28 B161
K0	K0	K0	K0	K0

◇ 配色方向

清新自然型餐厅可以令人感到放松、愉悦，能够心情平静地进餐，十分适合压力较大的都市人。

◇ 配色关键点

- 绿色和蓝色作为主色
- 搭配浅木色
- 点缀色常为花朵的色彩

◇ 配色禁忌

① 表现清新自然感，应避免过多地使用厚重的暖色，例如，将其做背景色或主角色会人觉得沉闷。

② 具有强烈对比的色调也不宜大面积地使用，以免过于刺激，影响清爽感的呈现。

③ 在使用蓝、绿色时，要尽量避免用暗色调和浊色调做背景，这样会使空间不够清透。

◇ 配色技巧

① 餐厅中的清新自然感主要依靠浅淡的、明度较高的绿色营造，这种色彩可以作为主色出现。

② 深一些的蓝色也可用在餐厅中，但需要搭配柔和的、淡雅的色调，如米黄色、木色等，才能够表现出舒适的清爽感。

③ 浅木色是很合适的搭配色，可以增添餐厅中的自然气息。

④ 自然界中的红色、黄色等花朵的色彩也是非常合适的搭配色。

◇ 配色方案

用白色和绿色搭配，为餐厅增添了明快的节奏感，同时带有整洁、有序的感觉。另外，原木色具有浓郁的自然韵味，用这种色彩的餐桌和椅子与绿色的墙面搭配，使人犹如置身于大自然中。

● C46 M19 Y34 K0
R150 G181 B171

● C38 M48 Y72 K0
R173 G137 B84

○ C0 M0 Y0 K0
R255 G255 B255

● C81 M56 Y100 K27
R52 G85 B42

以不同明度的蓝色和白色组合，给餐厅带来清爽感，营造愉悦的氛围。再将柔和的浅木色应用于餐桌和灯具，可以减弱蓝色的冷硬感。

● C10 M9 Y5 K0
R234 G232 B237

● C20 M26 Y28 K0
R211 G192 B178

● C55 M35 Y29 K0
R129 G151 B164

● C74 M59 Y27 K0
R84 G103 B144

由于餐厅应带来激发食欲的配色效果，因此偏黑的蓝色应少量使用，可以将其用于餐椅中作为点缀色，再用布艺材质减弱色彩的冷硬感，令餐厅配色既清爽，又不会显得疏离。

○ C0 M0 Y0 K0
R255 G255 B255

● C35 M50 Y60 K0
R179 G136 B103

● C88 M76 Y53 K18
R43 G66 B89

● C63 M38 Y44 K0
R111 G140 B138

将蓝色、绿色和红色搭配在一起，可以营造出清爽又具有活力的餐厅氛围。但在用色时应注意选择灰色调的色彩，因为饱和度过高的多色搭配容易令空间显得过于活泼，丧失清雅、自然的感觉。

○ C5 M4 Y6 K0
R246 G245 B241

● C82 M75 Y59 K26
R59 G62 B77

● C67 M50 Y41 K0
R102 G120 B133

● C58 M77 Y79 K30
R105 G62 B51

● C58 M21 Y61 K0
R120 G165 B119

将明度较高的蓝色搭配白色使用，可以轻松打造出一个清爽、洁净的餐厅，再加入柔和的橡皮粉，整个餐厅的配色轻柔又温和，还带有淡淡的文艺气息。

○ C0 M0 Y0 K0
R255 G255 B255

● C23 M31 Y37 K0
R205 G180 B158

● C26 M17 Y14 K0
R197 G204 B210

4. 轻松活泼型

C8	R227	C13	R228	C12	R214	C28	R188	C42	R164
M63	G121	M23	G194	M		M		M58	G119
Y83	B51	Y89	B38		B47		B72	Y70	B84
K0		K0		K0		K0		K1	

◇ 配色方向

用餐空间适合营造出轻松的氛围，可以增进食欲。若加入一些体现活力的色彩，则能够令空间更灵动多姿。

◇ 配色关键点

- 体现活力的暖色系
- 造型圆润的木色家具
- 用粉色替代红色

◇ 配色禁忌

过于厚重的色彩，缺乏活力，不适合用来表现轻松活泼感。无彩色系的黑色和灰色，过于刻板，同样不适合表现轻松活泼感。

◇ 配色技巧

① 营造活泼感，配色中应尽量包含橙色、黄色和红色，没有这几种色彩，会减弱活力感。

② 若想令餐厅的轻松感强烈一些，可以加入木色，如果再搭配造型圆润的家具，则更能营造出轻松活泼的氛围。

③ 红色常用来表现活泼感，若不想令空间配色显得过于夺目，可以运用粉色来装点空间。

④ 与具有活力的客厅不同，餐厅面积通常比较小，不必满足全色相的条件，只要采用两组互补色或对比色就能展现出活力。

◇ 配色方案

以白色和浅木色为主色的餐厅，带有轻松愉悦的气息，再加入樱花粉色和活力黄色的点缀，整个空间变得开放，具有令人心情畅快的视觉效果。

○ C0 M0 Y0 K0
R255 G255 B255

● C40 M47 Y61 K0
R168 G139 B104

● C28 M52 Y19 K0
R191 G139 B164

● C30 M42 Y99 K0
R191 G152 B20

● C42 M65 Y56 K0
R165 G107 B99

餐厅的主色依然是白色和木色，干净又温和。粉色和黄色座椅的出现，打破了空间的平静，具有活力的色彩令整个空间都变得灵动、活泼起来。

○ C0 M0 Y0 K0
R255 G255 B255

● C40 M50 Y58 K0
R170 G134 B106

● C13 M23 Y89 K0
R228 G194 B38

● C18 M61 Y49 K0
R209 G124 B111

餐厅配色以白色和粉色为主，大面积的色块组合，激发了空间的色彩表现力，活跃了餐厅的氛围。褐色的餐椅和地面则具有稳定效果，使整个空间配色显得活泼，但不会过于浓烈。

C0 M0 Y0 K0
R255 G255 B255

C20 M35 Y24 K0
R210 G175 B175

C61 M57 Y57 K3
R119 G111 B104

C42 M58 Y70 K1
R164 G119 B84

在白色和木色的空间加入一把红色座椅来调整餐厅配色，仅仅是这一小部分红色，就将空间的活力激发出来，为餐厅增添动感。

○ C0 M0 Y0 K0
R255 G255 B255

● C35 M47 Y48 K0
R179 G143 B125

● C28 M88 Y66 K0
R188 G61 B72

淡色调的蓝色和粉色搭配，用于餐厅的墙面，柔和又梦幻。再用色彩跳跃的灯具来增添活力，整个餐厅仿佛存在于童话世界。

● C22 M11 Y8 K0
R208 G217 B227

● C20 M25 Y35 K0
R211 G192 B165

● C16 M31 Y15 K0
R217 G186 B194

● C32 M0 Y15 K0
R184 G224 B222

● C0 M0 Y0 K100
R0 G0 B0

● C78 M54 Y80 K17
R65 G96 B68

● C50 M93 Y96 K27
R121 G39 B32

● C16 M11 Y49 K0
R224 G218 B148

5. 文艺小资型

C46 R156	C71 R82	C27 R193	C72 R79	C31 R187
M59 G114	M62 G84	M58 G126	M35 G139	M31 G175
Y77 B72	Y75 B67	Y45 B120	Y41 B145	Y26 B175
K2	K23	K0	K0	K0

◇ 配色方向

文艺小资型餐厅适合都市中的白领，这类人群对于品质的要求较高，因此配色时应注意色彩的搭配是否恰当，在细节上用心。

◇ 配色关键点

- 金色的运用
- 绿色与黑色叠加
- 带有女性气息的色彩与莫兰迪色的运用
- 清冷的蓝色

◇ 配色禁忌

打造文艺小资型餐厅可选择的色彩范围比较广，但不适合将过多的彩色无节制地运用，否则容易落入俗套，降低空间的品质。

◇ 配色技巧

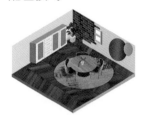

① 打造文艺小资型餐厅时，品质的提升最为重要。在众多色彩中，金色是最容易提升品质的色彩，因此十分适用。

② 褐色的厚重感与绿色的生机感相叠加时，碰撞出一种极佳的质感，用于打造文艺、小资型餐厅非常合适，还能令餐厅体现出复古的感觉。

③ 红色、粉色、紫色这类带有女性气息的色彩具有浪漫感，当与金色搭配时，可以轻松传递出一种文艺小资的气息。

④ 蓝色清冷，带有疏离感，将其作为文艺小资型餐厅的主角色是不错的选择。

⑤ 莫兰迪色淡雅、高级，也是能体现质感的色彩，即使作为点缀色，也能够提升空间的格调。

◇ 配色方案

餐厅的配色以褐色系和白色为主，再叠加暗色调的红色座椅，使空间的配色显得有些厚重。但由于墙面的金色装饰占据了面积优势，成功将厚重的配色变得优雅、精致。

○ C0 M0 Y0 K0
R255 G255 B255

● C54 M64 Y75 K10
R130 G96 B70

● C51 M65 Y86 K10
R136 G96 B56

● C66 M87 Y89 K60
R60 G25 B19

● C70 M58 Y87 K21
R85 G90 B55

以红色和粉色搭配白色，能够营造出带有女性气息的餐厅氛围，再加入一些金色点缀，空间的小资与文艺气息被激发出来。

○ C0 M0 Y0 K0
R255 G255 B255

● C65 M68 Y76 K29
R91 G73 B58

● C25 M55 Y44 K0
R197 G133 B124

● C49 M89 Y94 K22
R128 G48 B37

● C53 M57 Y71 K5
R136 G112 B81

黑色与灰色的搭配稳重又高级，在这样的配色中加入透明的茶色座椅，令原本沉稳的餐厅变得十分灵动，而材质的轻盈感提升了空间的品质与格调。

● C0 M0 Y0 K100
　R0 G0 B0

● C54 M51 Y45 K0
　R135 G126 B127

○ C0 M0 Y0 K0
　R255 G255 B255

● C22 M51 Y76 K0
　R205 G141 B71

利用饱和度较低的绿色和黑色进行搭配，可以形成一股沉静而淡然的气息，再利用褐色和白色进行过渡、衔接，既弱化了黑色的沉重感，又激发出绿色的自然气息，整个餐厅的配色变得文艺又高级。

○ C0 M0 Y0 K0
　R255 G255 B255

● C0 M0 Y0 K100
　R0 G0 B0

● C39 M49 Y59 K0
　R171 G136 B105

● C71 M60 Y75 K21
　R84 G88 B69

湖蓝色带有清冷、高贵的气息，将其与褐色、白色共同作为空间的主色，可以提升餐厅的格调。局部点缀金色和绿色，则能增强空间的文艺感。

○ C0 M0 Y0 K0
R255 G255 B255

● C41 M51 Y64 K0
R168 G131 B96

● C32 M25 Y24 K0
R185 G185 B185

● C72 M35 Y41 K0
R79 G139 B145

● C18 M39 Y81 K0
R216 G166 B65

● C77 M61 Y100 K35
R60 G73 B35

带有灰色调的淡山茱萸粉色是极具代表性的莫兰迪色，将其应用于餐厅能够带来浓郁的文艺气息。若搭配灰色和金色，能让空间充满高级感。

○ C0 M0 Y0 K0
R255 G255 B255

● C58 M49 Y47 K0
R127 G126 B125

● C97 M88 Y60 K39
R14 G39 B63

● C31 M31 Y26 K0
R187 G175 B175

6. 雅致高级型

C65 R108	C34 R181	C38 R169
M59 G105	M42 G152	M0 G217
Y54 B106	Y62 B105	Y21 B210
K4	K0	K0

◇ 配色方向

雅致高级型餐厅能够凸显居住者的品位，但与文艺小资型餐厅不同的是，这类餐厅在用色上更加节制。

◇ 配色关键点

- 大面积灰色
- 粉色调的玫瑰金
- 具有通透感的蓝色作为点缀色

◇ 配色禁忌

雅致高级型餐厅的主色通常是白色和灰色，且应避免过多的搭配色出现。若选用其他有彩色作为点缀色，应控制使用面积，且纯度不宜过高。

◇ 配色技巧

① 以灰色作为大面积背景色，可以为餐厅奠定雅致的基调，也可以令其他色彩拥有更大的发挥空间。

② 雅致高级型餐厅离不开金色的点缀，尤其是略偏粉的玫瑰金，更能提升空间的品质。

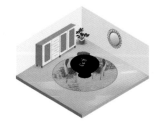

③ 以白色或灰色为主色，再加入蓝色点缀，也是表达雅致高级型空间的配色方式。但与文艺小资型餐厅不同的是，蓝色不适合大面积适用。若将蓝色表现在通透的玻璃材质上，更能凸显雅致、高级的特征。

◇ 配色方案

灰色是自带高级感的色彩，将其应用于布艺窗帘和座椅，能够增强空间的柔和感。由于白色和褐色的包容性极强，和灰色搭配，不会压制其色彩表现力。

○ C0 M0 Y0 K0
R255 G255 B255

● C68 M70 Y71 K30
R84 G69 B63

● C65 M58 Y57 K5
R109 G105 B102

白色和灰色搭配的餐厅，虽然带有高级感，但难免显得寡淡。不妨加入一些茶褐色的透明吊灯来调整空间配色，为原本平淡的空间添加素雅又轻盈的感觉。

○ C0 M0 Y0 K0
R255 G255 B255

● C65 M59 Y54 K4
R108 G105 B106

● C28 M36 Y39 K0
R193 G167 B149

带有光泽感的玫瑰金色座椅在以白色为主色的空间显得十分引人注目，这种配色能有效提亮空间。少量黑色的加入，起到稳定空间配色的作用。

○ C0 M0 Y0 K0
　R255 G255 B255

● C47 M42 Y44 K0
　R152 G145 B135

● C49 M58 Y62 K1
　R150 G116 B96

● C0 M0 Y0 K100
　R0 G0 B0

以米灰色和浅灰色为主色的餐厅充满了高级感。用金色和淡粉色进行局部点缀，可以激发出空间的精致感。

● C35 M31 Y34 K0
　R179 G172 B162

● C35 M29 Y30 K0
　R178 G175 B170

● C16 M45 Y41 K0
　R215 G156 B138

● C34 M42 Y62 K0
　R181 G152 B105

晶莹剔透的蓝色玻璃吊灯虽然面积占比不大，但在以白色和灰色为主色的餐厅中，十分引人注目。这样的配色低调又高级，能够带来舒适感。

○ C0 M0 Y0 K0
R255 G255 B255

● C39 M31 Y33 K0
R170 G169 B163

● C38 M0 Y21 K0
R169 G217 B210

● C34 M42 Y62 K0
R181 G152 B105

7. 现代冷峻型

C0　R0
M0　G0
Y0　B0
K100

C65　R85
M73　G61
Y77　B51
K36

C97　R0
M78　G59
Y55　B82
K23

◇ 配色方向

现代冷峻型餐厅可以体现出理性的气息。在配色上应注意体现沉稳感，但不能显得过于沉重。

◇ 配色关键点

- 黑色的运用
- 暗色调或浊色调

◇ 配色禁忌

现代冷峻型餐厅虽然允许出现暖色，但在色调上一定要控制为暗色调或浊色调。避免出现淡色调、明色调，否则会令空间显得过于飘逸，缺乏现代冷峻型餐厅的沉稳感。

◇ 配色技巧

① 黑色是明度最低的色彩，具有绝对的重量感，用它作为配色，能够增强现代、冷峻的感觉。若与白色和灰色搭配，再用少量金色点缀，可以令餐厅的现代韵味更强烈。

② 黑色与褐色结合，沉稳而有力，再用灰色过渡，不仅可以增强餐厅的现代感，而且令空间具有了透气性。

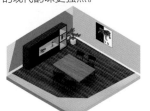

③ 当黑色与暗色调或浊色调的蓝色搭配时，可以令空间彰显出现代感，由于蓝色的加入，冷峻的气息也呼之欲出。

④ 现代冷峻型的餐厅也可以用互补色进行调剂，但需要注意的是，依然要将色调维持在暗色调与浊色调之间。

⑤ 四角型配色虽然具有活力，但也可以用于现代冷峻型餐厅配色。这种配色方式产生的现代感更强，且由于蓝色的出现，可以压制一部分暖色带来的花哨感。

◇ 配色方案

在现代冷峻型餐厅中，彩色可以运用在地面，且蓝色一定要出现。同时应结合一些冷硬的金属材质来增强空间的现代感。

C0 M0 Y0 K0
R255 G255 B255

C39 M60 Y81 K0
R172 G117 B65

C81 M35 Y26 K0
R18 G133 B166

C33 M91 Y86 K1
R180 G55 B49

C30 M19 Y78 K0
R194 G190 B79

C23 M64 Y66 K0
R200 G116 B83

以中灰色为主色，结合黑色的水管灯具，为空间加入现代、工艺气息。搭配的座椅为灰蓝色，带来一丝色彩变化，但不会破坏空间的整体风格。

C46 M40 Y43 K0
R155 G148 B138

C88 M84 Y73 K62
R22 G25 B32

C83 M74 Y63 K32
R49 G59 B69

C0 M0 Y0 K0
R255 G255 B255

将黑色较大面积地应用于餐厅的墙面和顶面，再结合几何形状的造型，增强了空间的现代感。湖蓝色是空间引人注目的点睛之笔，色彩之间的对撞极具张力。

- C0 M0 Y0 K100
  R0 G0 B0
- C70 M73 Y68 K31
  R80 G64 B64
- C34 M50 Y61 K0
  R181 G136 B101
- C32 M36 Y30 K0
  R185 G166 B164
- C78 M34 Y7 K0
  R31 G136 B194

红色和蓝色作为对比色，可以令空间具有开放性。但在现代型空间，使用红色和蓝色通常需要降低色彩的饱和度，形成更稳定的配色关系。

- C0 M0 Y0 K0
  R255 G255 B255
- C60 M88 Y83 K47
  R83 G34 B33
- C32 M26 Y24 K0
  R185 G183 B184
- C97 M78 Y55 K23
  R0 G59 B82

黑色与白色搭配是很简单的表现现代感的配色方式，运用时可以使用较大面积的黑色，给人带来力量感。深褐色的地面则能够起到稳定空间配色的作用。

○ C0 M0 Y0 K0
　R255 G255 B255

● C65 M73 Y77 K36
　R85 G61 B51

● C0 M0 Y0 K100
　R0 G0 B0

8. 国风大气型

C32	R180
M90	G58
Y100	B35
K1	

C10	R239
M0	G234
Y83	B58
K0	

C3	R245
M32	G186
Y90	B26
K0	

C87	R44
M67	G81
Y52	B99
K11	

◇ 配色方向

国风大气型餐厅一般为中式风格，可以展现居住者的内涵与品位。事业有成的居住者比较适合这种风格。配色较为厚重、端庄。

◇ 配色关键点

- 特有的中国色，如中国红、帝王黄、青花瓷蓝

◇ 配色禁忌

在对国风大气型餐厅进行色彩搭配时，应体现出厚重感、文化底蕴。因此，不适合运用明亮色调、淡色调这类看起来浅淡的色彩，容易令空间轻快有余，沉稳不足。

◇ 配色技巧

① 中国红非常适合运用在国风大气型餐厅中，作为背景色、主角色、配角色、点缀色均可。

② 褐色是极其适合与中国红搭配的色彩，两种色彩中均偏暖，搭配和谐，且能为空间带来厚重的气息。

③黑、白、灰三色搭配不仅经典，同时也是江南传统民居中的配色，用来体现国风、大气的餐厅氛围也十分适宜。

④ 青花瓷蓝雅致、清幽，在国风大气型的餐厅中做配角色，可以提升空间的格调，适合喜欢清雅韵味的居住者。

◇ 配色方案

灰色代表优雅，柔软又充满了穿透力，将其作为主色，餐厅显得简单又具备力量。同时，这种色彩可以兼容所有颜色，即使是活跃感极强的红色，在大面积灰色的包围下，也显得平和了许多。

○ C0 M0 Y0 K0
R255 G255 B255

● C53 M45 Y42 K0
R138 G136 B137

● C51 M91 Y85 K25
R123 G44 B43

● C66 M87 Y89 K60
R60 G25 B19

红色是十分适合营造中式家居氛围的色彩，典雅、庄严中透出火热的激情。搭配同样厚重的褐色系，有一种浑然天成之感。将两种色彩运用到家居空间可以营造出大气、庄严的氛围。

● C41 M47 Y71 K0
R168 G138 B87

● C44 M95 Y97 K11
R150 G42 B38

● C52 M78 Y86 K22
R123 G67 B47

● C0 M0 Y0 K100
R0 G0 B0

将褐色作为空间的主色，浓郁又质朴，可以给人带来安定感。起点缀作用的红色与褐色搭配和谐，能激发出空间的中式气息。

C35 M29 Y30 K0
R179 G176 B171

C64 M65 Y70 K19
R101 G85 B72

C56 M77 Y72 K22
R115 G67 B62

C78 M72 Y64 K30
R63 G65 B70

以无彩色为主色的餐厅，若想体现出中式氛围，则应加入一些中式元素。在本方案中，褐色的木质餐桌和古朴的装饰隔断都是可以表现中式风情的元素。

C0 M0 Y0 K0
R255 G255 B255

C62 M62 Y61 K8
R113 G98 B91

C79 M74 Y74 K49
R47 G47 B45

木色的墙面为空间注入了温暖感，灰色的石材地面则冷静、现代，两者对比强烈。软装的配色同样具有对比性，其中朱红色和青花瓷蓝均属于国风色彩，使餐厅的中式风情十分浓郁。

C34 M40 Y47 K0
R182 G156 B132

C56 M53 Y52 K0
R132 G121 B116

C89 M81 Y62 K39
R33 G46 B62

C78 M55 Y43 K1
R68 G107 B126

C52 M84 Y75 K20
R125 G59 B58

1. 平静柔和型

C20 R212
M22 G199
Y27 B183
K0

C41 R168
M52 G130
Y63 B98
K0

C15 R225
M14 G215
Y40 B165
K0

C50 R132
M89 G52
Y76 B56
K18

◇ 配色方向

卧室是休憩、放松的场所，其氛围应以平静、柔和为主。配色时，应降低色彩的对比度，整体色彩搭配应追求协调感。

◇ 配色关键点

- 米色
- 高明度
- 淡色调的黄色
- 浅木色
- 暗色调和浊色调的暖色作为点缀色

◇ 配色禁忌

① 柔和的暖色能够传达出温馨的氛围。因此，在进行具有温馨感的色彩搭配时，应避免大量使用冷色。

② 黑色和深灰色过于冷硬，不宜大量使用。

◇ 配色技巧

① 米色系中的色彩接近黄色，如米黄色、米灰色等，它们能够体现出平静、柔和的感觉。

② 配色时，可以采用浅木色来营造平静、柔和的氛围，再搭配白色带来整洁、通透的视觉效果。

③ 在以米色为主色的卧室中加入厚重的暖色作为地面背景色或者点缀色，能够凸显出空间的稳定感。

④ 暗浊色调的暖色可以作为点缀色出现，如橙褐色、黄褐色等，这类色彩若体现在软装中，可以令空间氛围显得更加温暖。

◇ 配色方案

用柔和、低调的米灰色和干净、清透的白色做主色，体现出卧室的温暖、舒适感。将少量的红色作为点缀色，使卧室在平和的色彩搭配中有了节奏感。

C0 M0 Y0 K0
R255 G255 B255

C20 M22 Y27 K0
R212 G199 B183

C61 M62 Y61 K7
R116 G99 B92

C50 M89 Y76 K18
R132 G52 B56

以白色和木色作为卧室的配色主体，营造出一种温馨、舒缓的氛围。窗帘的色彩为浅淡的灰色，能够在一定程度上丰富空间配色的层次。

○ C0 M0 Y0 K0
R255 G255 B255

● C22 M17 Y24 K0
R208 G206 B194

● C52 M69 Y93 K14
R132 G87 B44

在以白色为主色的卧室中，融入浅黄色和木色，可以令空间的温馨感大幅提升，更加适合居住。灰色的床垫和抱枕起到稳定空间配色的作用，令配色有了明暗对比。

○ C0 M0 Y0 K0
R255 G255 B255

● C41 M52 Y63 K0
R168 G130 B98

● C47 M41 Y34 K0
R151 G146 B152

● C15 M14 Y40 K0
R225 G215 B165

中灰色做背景色能够给人安定、柔和的感觉，使人放松，易于入睡。搭配深褐色的地面，带来安稳感，与顶面的明度差增加了房间的视觉高度。

○ C0 M0 Y0 K0
R255 G255 B255

● C49 M67 Y86 K9
R141 G94 B55

● C55 M48 Y43 K0
R134 G131 B132

大面积木色定制衣柜结合同色系的地板，奠定了卧室平静、柔和的基调，再搭配白色，能够令空间显得整洁、宽敞，不压抑。黑色和橙色的点缀，令卧室的配色层次更加丰富。

● C41 M46 Y54 K0
R167 G141 B117

○ C0 M0 Y0 K0
R255 G255 B255

● C29 M69 Y84 K0
R190 G102 B54

● C0 M0 Y0 K100
R0 G0 B0

2. 舒适清新型

C27 R197	C45 R154	C49 R145	C100 R29	C73 R69	C30 R188
M21 G194	M27 G171	M26 G169	M100 G43	M25 G148	M51 G139
Y39 B161	Y17 B192	Y34 B165	Y54 B86	Y65 B112	Y39 B135
K0	K0	K0	K6	K0	K0

◇ 配色方向

卧室中的清新感，通常伴随舒适感，与公共空间表达清新感的区别在于配色需要更加轻柔，常采用弱对比、过渡平稳的配色方式。

◇ 配色关键点

- 明亮的蓝色和绿色
- 柔和的红色和粉色点缀

◇ 配色禁忌

① 大面积使用蓝色或者绿色时，不宜采用过于暗沉的色调。

② 高纯度暖色可用来点缀，地位不宜高于主体色，否则会失去清新感。

◇ 配色技巧

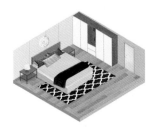

① 接近白色的明亮色彩，能够体现出清新的感觉，尤其是蓝、绿两种色彩，是体现清新感的极佳选择。

② 对于淡色调的蓝色和绿色，既可以选取其中一种色彩作为卧室的主色，也可以将两种色彩结合使用，同类色配色在保证空间氛围和谐的基础上，可以丰富空间的视觉层次。

③ 以白色为主色，再用绿色、粉色等有彩色点缀，可以营造出舒适、清新的卧室环境，且能带来春天般的感觉。

◇ 配色方案

将淡雅的绿色作为卧室背景墙的色彩，能够营造出清新、柔和的空间氛围。与白色搭配，可突出空间明亮、舒适的感觉。再用灰色调整，可为整个空间的配色增添节奏感，令人感觉非常舒服。

○ C0 M0 Y0 K0
R255 G255 B255

● C27 M21 Y39 K0
R197 G194 B161

● C25 M27 Y33 K0
R200 G185 B167

● C60 M56 Y65 K5
R120 G109 B92

大面积的蓝色虽然能够塑造出清新的感觉，但冷色的占比较大，难免会令空间显得清冷。本方案在配色中加入了暖褐色，中和了一部分蓝色带来的冷感，从而打造出具有温馨感和稳定感的清新空间。

● C45 M27 Y17 K0
R154 G171 B192

● C36 M56 Y75 K0
R177 G125 B75

○ C0 M0 Y0 K0
R255 G255 B255

将不同明度和纯度的绿色进行搭配，不仅能够塑造出卧室的清新、自然感，而且富有变化，不会显得单调。柔和的木色起到丰富配色的作用，也令空间显得更有亲和力。

- C49 M26 Y34 K0 / R145 G169 B165
- C23 M32 Y41 K0 / R206 G177 B148
- C71 M58 Y69 K15 / R86 G94 B80
- C49 M26 Y44 K0 / R145 G167 B148

蓝色与绿色结合运用，为卧室营造出清新与自然的氛围。为了避免冷色带来的清冷感，采用少量的黄色做跳色，暖色的加入令卧室更具生活气息。

- C0 M0 Y0 K0 / R255 G255 B255
- C98 M94 Y47 K15 / R29 G45 B91
- C73 M25 Y65 K0 / R69 G148 B112
- C14 M22 Y80 K0 / R226 G197 B68

在净白色的卧室中，加入了大量来自大自然的色彩，如粉色、绿色等，这些色彩分布在空间的墙面、床品等物件上，令人仿若身处春日的郊野。

C0 M0 Y0 K0
R255 G255 B255

C32 M50 Y59 K0
R186 G139 B104

C70 M48 Y100 K7
R94 G115 B49

C30 M51 Y39 K0
R188 G139 B135

3. 现代干练型

C50 R145
M41 G145
Y32 B155
K0

C0 R0
M0 G0
Y0 B0
K100

C94 R30
M80 G69
Y36 B117
K2

C48 R145
M80 G70
K7 B76

◇ 配色方向

若想打造出一个不易过时的卧室，可以考虑现代干练型。这类卧室的配色主要用无彩色作主色，配色简单，容易实现。

◇ 配色关键点

- 无彩色做主色
- 使用黑色要节制

◇ 配色禁忌

① 冷色虽然代表理性，但不能表现出时尚感，因此应避免将其作为主色。

② 不宜过多使用暖色进行搭配，否则会令卧室显得过于温暖，还应该避免过多使用高明度的色彩。

◇ 配色技巧

① 黑、白、灰三色搭配最为经典，可以将其中一种作为主色，另一种或两种作为陪衬。

② 以黑色为主色时，如果没有特殊要求，尽量不要将其大面积应用于墙面，否则会让人感觉沉重，可以只用在床头背景墙。

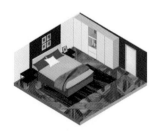

③ 现代干练型的卧室也可以用暖色点缀，加入暗沉的暖色，可以增添沉稳、复古的感觉。若加入明亮的暖色，可以增加活力。

④ 可以在无彩色组合中加入冷色，为空间增添一丝文雅、幽静的感觉。

◇ 配色方案

在以白色为主色的空间加入不同明度的灰色调整，整个空间彰显出简洁、利落的现代感。

○ C0 M0 Y0 K0
R255 G255 B255

● C50 M41 Y32 K0
R145 G145 B155

● C77 M71 Y66 K31
R66 G65 B68

卧室中白色和黑色比例大致为2：1，既能够彰显出干净、通透的感觉，又能够表现出现代风格的冷静与理性。

○ C0 M0 Y0 K0
R255 G255 B255

● C82 M77 Y82 K62
R31 G32 B27

● C65 M61 Y63 K10
R106 G97 B88

将明度极低的黑色应用于墙面，并将挂画置于墙面中部，以吸引人的注意力。为了避免空间失衡，以白色和木色为搭配色，令卧室呈现出高档、时尚的感觉。

- C0 M0 Y0 K100
  R0 G0 B0
- C0 M0 Y0 K0
  R255 G255 B255
- C22 M32 Y41 K0
  R207 G178 B149
- C24 M22 Y17 K0
  R203 G198 B202

灰色具有强烈的人工痕迹，搭配浅褐色，给人带来有序、高效的感觉，用来表现现代感十分恰当。用蓝色和绿色点缀，令卧室的配色具有跳跃性。

- C58 M51 Y49 K0
  R127 G124 B121
- C60 M59 Y68 K9
  R117 G102 B84
- C80 M77 Y81 K60
  R37 G34 B29
- C94 M80 Y36 K2
  R30 G69 B117
- C78 M66 Y100 K49
  R48 G55 B26

相对于黑色来说，明度较低的灰色产生的视觉压力减弱了许多，搭配偏灰的红色，可以令卧室显得现代、干练，又不失活力。

● C73 M68 Y70 K31
R72 G69 B64

● C48 M79 Y65 K7
R145 G75 B76

○ C0 M0 Y0 K0
R255 G255 B255

● C45 M38 Y31 K0
R156 G153 B160

4. 硬朗刚毅型

C0 R0	C56 R122	C33 R184	C95 R23
M0 G0	M64 G92	M27 G182	M90 G36
Y0 B0	Y78 B64	Y24 B183	Y59 B62
K100	K14	K0	K39

◇ 配色方向

对于都市中的男性精英来说，硬朗刚毅型的卧室可以充分彰显其身份特征。在进行配色时，应着重营造具有理性感的氛围。

◇ 配色关键点

- 明度或纯度低的色彩
- 暗色调、浓色调和浊色调的蓝色

◇ 配色禁忌

① 具有温柔感的淡色调不宜作为主角色或主要的背景色使用。

② 具有柔和感的紫红色、粉红色等也不能够体现出硬朗、刚毅感。

③ 纯度较高的色彩搭配起来过于活跃，同样不适合此类卧室。

◇ 配色技巧

① 用黑色、蓝色、灰色或厚重的暖色等做主色，能够打造出具硬朗感的卧室。

② 由于硬朗刚毅型的卧室所使用的色彩要求明度或纯度都比较低，因此可以加入适量的白色做调整，为空间带来一丝通透的感觉。

③ 暗色调、浓色调及浊色调的蓝色，能充分表达出硬朗、刚毅的感觉，若和黑色搭配，能让空间的现代感更加浓郁。

④ 若想适当削弱空间的硬朗感，可以将暖褐色和深蓝色搭配使用。

◇ 配色方案

卧室以褐色为配色重心，使用了灰褐色、茶褐色等，令配色十分协调，再以白色搭配灰色，并结合简洁、利落的线条，来凸显空间硬朗、刚毅的特征。

● C66 M65 Y66 K17
  R100 G86 B79

● C73 M68 Y68 K28
  R76 G72 B69

○ C0 M0 Y0 K0
  R255 G255 B255

● C33 M27 Y24 K0
  R183 G181 B182

在以白色和茶褐色为主色的空间加入偏灰的绿色来活跃气氛，既能够体现出硬朗、刚毅的特性，又带来一点自然的味道。

○ C0 M0 Y0 K0
  R255 G255 B255

● C61 M59 Y60 K6
  R118 G104 B96

● C75 M66 Y63 K21
  R75 G78 B79

● C74 M60 Y74 K22
  R76 G86 B69

将大面积的黑色和灰蓝色组合使用，营造出硬朗、干练的氛围。再加入不同明度的蓝色陪衬，给人留下冷静的色彩印象。

● C86 M79 Y79 K65
R23 G27 B26

● C73 M55 Y44 K1
R87 G109 B125

● C26 M20 Y14 K0
R198 G198 B206

● C95 M90 Y59 K39
R23 G36 B62

● C84 M45 Y38 K0
R27 G118 B141

卧室中顶面与地面的配色，做到了上轻下重，具有稳定感。墙面部分则采用了灰蓝色和灰橙色的撞色设计，为空间带来了视觉变化。为了彰显空间硬朗、干练的氛围，床品的色彩为灰蓝色，以色彩的面积优势来强化风格特征。

○ C0 M0 Y0 K0
R255 G255 B255

● C51 M57 Y60 K1
R144 G116 B100

● C82 M78 Y56 K24
R59 G60 B80

● C42 M62 Y76 K2
R163 G110 B72

以明度不同的褐色作为空间主色，令卧室有了质朴感，再以蓝色作为点缀色，为空间增添了硬朗、理性的气息。

● C56 M64 Y78 K14
R122 G92 B64

● C32 M28 Y35 K0
R185 G179 B163

● C45 M37 Y33 K0
R155 G154 B157

● C74 M42 Y18 K0
R71 G128 B172

5. 柔和浪漫型

 C49 R143 M81 G70 Y64 B77 K8

 C12 R221 M56 G137 Y61 B95 K0

 C32 R185 M42 G156 Y27 B164 K0

C44 R158 M75 G86 Y26 B130 K0

C4 R244 M26 G197 Y84 B51 K0

 C4 R232 M65 G119 Y85 B45 K0

◇ 配色方向

柔和浪漫型的配色能够体现出女性的柔美，且能产生轻柔、舒适的气息。

◇ 配色关键点

- 淡雅的、带有女性气息的色彩
- 接近纯色的暖色

◇ 配色禁忌

① 柔和浪漫型卧室应该避免使用厚重的冷色做主色，这类色彩过于刚毅，缺乏柔美感和妩媚感。

② 不宜采用过于厚重、浓郁的色彩做主色，过于复古的色调不能体现娇美感。

◇ 配色技巧

① 通常以淡雅的红色、粉色、紫色、紫红色来展现柔和、娇美之感。

② 常用接近纯色的暖色为空间增添浪漫气息，如将橙色、橘红色、橘黄色等色彩作为点缀色。

③ 在原本柔和浪漫的卧室配色中，加入冷色作为调剂，可以活跃氛围，制造休闲感。

④ 利用淡雅的暖灰色作为主色，再融入具有浪漫氛围的色彩，能够增强卧室的优雅感。

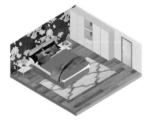

⑤ 当选用一种浪漫的色彩作为主色，再搭配其补色或对比色，可以令卧室更加明快、靓丽。

◇ 配色方案

在以白色和灰色为主色的卧室中，加入红色和金色作为陪衬，其中金色可以增强空间的精致感，红色能够为空间增添明快、靓丽的感觉，使用带有女性气息的色彩令空间具备了浪漫的感觉。

○ C0 M0 Y0 K0
R255 G255 B255

● C71 M64 Y65 K19
R86 G85 B79

● C58 M87 Y86 K43
R91 G39 B33

● C53 M57 Y80 K6
R137 G110 B68

柔和的粉红色更显娇媚，能够将卧室的浪漫氛围变得更加浓郁，用金色点缀，可以将空间的精美感激发出来。

○ C0 M0 Y0 K0
R255 G255 B255

● C56 M58 Y61 K4
R130 G109 B95

● C49 M81 Y64 K8
R143 G70 B77

● C52 M57 Y76 K4
R141 G114 B75

淡雅的灰色系奠定了放松、惬意的空间基调，再用明亮的橙色作为跳色，给人精美、明媚的视觉感受。加入包含花朵图案和丝绸材质等的元素体现了空间的浪漫与唯美特性。

C0 M0 Y0 K0
R255 G255 B255

C52 M45 Y46 K0
R140 G137 B130

C17 M16 Y18 K0
R218 G211 B205

C12 M56 Y61 K0
R221 G137 B95

如果感觉以白色和粉色为主色的空间过于甜腻，可以用孔雀蓝色进行调整，这种蓝色带有尊贵感，可以提升空间的格调，若再加入金色点缀，则令整个卧室的配色具有法式浪漫感。

C0 M0 Y0 K0
R255 G255 B255

C36 M44 Y40 K0
R177 G148 B140

C87 M70 Y57 K20
R42 G72 B86

C87 M84 Y78 K68
R19 G18 B23

C43 M49 Y68 K0
R162 G134 B91

以具有女性特点的粉紫色作为床品的配色时，粉紫色所占面积不大，却能有效表现出妩媚、娇柔的气息，搭配灰色调色彩，可以将空间的整洁感和高雅感激发出来。

C0 M0 Y0 K0
R255 G255 B255

C44 M41 Y37 K0
R159 G148 B148

C45 M44 Y47 K0
R158 G142 B129

C32 M42 Y27 K0
R185 G156 B164

紫色是墙面背景色和主角色，以绝对的面积优势制造出浪漫、唯美的气息。再搭配复古绿色，获得撞色的配色效果，使空间极具视觉张力。

C44 M75 Y26 K0
R158 G86 B130

C81 M64 Y100 K46
R42 G59 B29

C38 M63 Y73 K0
R172 G111 B76

C35 M38 Y47 K0
R179 G159 B135

6. 天真烂漫型

C16	R220
M36	G171
Y91	B34
K0	

C19	R212
M31	G184
Y24	B180
K0	

C69	R77
M19	G161
Y39	B159
K0	

◇ 配色方向

天真烂漫型的配色非常适合用于小女孩儿的房间。在配色时，明亮色调和接近纯色的色彩能够表现出纯洁、天真的感觉。

◇ 配色关键点

- 明媚的黄色
- 柔和的粉色
- 浪漫的蒂芙尼蓝

◇ 配色禁忌

天真烂漫型卧室适合淡雅、浪漫的色彩。因此，应尽量避免大面积地使用加入灰色的浊色以及深、暗、厚重的色彩，也要避免大面积使用冷色。

◇ 配色技巧

① 在众多色彩中，黄色明媚而热烈，是非常适合用于小女孩儿房间的配色，可以彰显出活泼、烂漫的空间氛围。

② 当黄色与绿色搭配时，空间的自然气息被激发出来，空间的整体氛围天真又烂漫。

③ 粉色是非常适合小女孩儿房间的色彩，将小女孩儿可爱、天真的天性充分呈现。

④ 红色与绿色的搭配过于刺激，但粉色与绿色搭配柔和又精致，可以增加房间的天真气息。

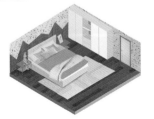

⑤ 虽然过于清冷的蓝色不适合表现天真、烂漫的氛围，但蒂芙尼蓝是个例外，将这种蓝色用于小女孩儿房间的配色中，使房间显得清雅又柔和。

◇ 配色方案

在以白色和木色为主色的空间加入高纯度的黄色做搭配色，营造出明媚又活泼的卧室氛围。

○ C0 M0 Y0 K0
R255 G255 B255

● C40 M53 Y67 K0
R168 G128 B91

● C53 M51 Y40 K0
R137 G126 B134

● C16 M36 Y91 K0
R220 G171 B34

● C82 M79 Y71 K51
R42 G41 B45

将清淡的绿色作为背景色大面积运用时，让人有了可以自由呼吸的空间，再结合热情洋溢的黄色，营造出充满生机、童趣的空间氛围。

● C37 M21 Y41 K0
R178 G189 B159

● C47 M53 Y85 K2
R155 G125 B63

○ C0 M0 Y0 K0
R255 G255 B255

● C42 M44 Y60 K0
R167 G145 B108

以白色作为空间背景色，再加入粉橘色和淡山茱萸粉色作为搭配，奠定具有小女孩儿特点的天真、梦幻基调。局部用灰色点缀增添了空间的高级感。

○ C0 M0 Y0 K0
R255 G255 B255

● C22 M56 Y57 K0
R203 G131 B102

● C27 M33 Y24 K0
R196 G174 B178

● C44 M33 Y31 K0
R158 G162 B165

将偏灰的绿色应用于墙面，再搭配柔和的粉色，可以令空间既带有甜美感，又不乏文艺气息。

● C48 M34 Y42 K0
R148 G156 B145

● C19 M31 Y24 K0
R212 G184 B180

○ C0 M0 Y0 K0
R255 G255 B255

原本以白色和灰褐色为主色的空间，在配色上略显平淡，但当蒂芙尼蓝和灰蓝色出现在空间时，一切变得生动起来，也将小女孩儿房间的天真与唯美气息激发出来。

C0 M0 Y0 K0
R255 G255 B255

C47 M47 Y47 K0
R155 G138 B128

C55 M33 Y36 K0
R131 G155 B157

C69 M19 Y39 K0
R78 G168 B166

7. 清爽童趣型

C40 R168	C95 R22
M33 G165	M81 G65
Y34 B159	Y14 B139
K0	K0

C90 R40	C76 R70
M77 G71	M55 G95
Y43 B108	Y82 B66
K6	K18

◇ 配色方向

清爽童趣型卧室配色适合男孩儿，在色相搭配上接近硬朗刚毅型卧室，但其色调应更加轻快、明朗，表现出孩子天真的特点。

◇ 配色关键点

- 蓝色、灰色或绿色为配色中心
- 轻快、明朗的冷色调或中性色调

◇ 配色禁忌

清爽童趣型卧室的色彩搭配可以根据孩子的年龄来进行设计。需要注意的是，年龄大一点的孩子的卧室经常会用到灰色、黑色等偏暗的颜色，与成年人的卧室不同的是，男孩儿卧室中这类色彩不宜过于浓重，以免过于严肃、沉闷，与其年龄不匹配。

◇ 配色技巧

① 蓝色是非常适合的主色，但不宜大面积使用过于暗沉的蓝色。

② 若是低龄孩子的卧室，或是想令空间显得更加通透，可以多运用白色来增强卧室的明亮感，再用蓝色点缀。

③ 若孩子年龄相对较大，则可以选用黑色作为蓝色的搭配色，但装饰图案依然以能体现童趣的为主。

④ 褐色与蓝色的搭配，是适合男孩儿卧室的配色，清爽中又不乏温馨。

⑤ 绿色可以作为点缀色增加空间的自然感，少量低纯度、中明度的暖色也可以作为点缀色出现。

◇ 配色方案

以灰色为主色的卧室，给人带来现代、科技感，其间点缀纯度较高的宝蓝色，可以丰富配色层次，也增加了清爽的感觉。

C40 M33 Y34 K0
R168 G165 B159

C0 M0 Y0 K0
R255 G255 B255

C44 M47 Y55 K0
R160 G137 B113

C82 M79 Y70 K50
R41 G41 B46

C95 M81 Y14 K0
R22 G65 B139

带有星球图案和宇航员图案的黑蓝色壁纸，将卧室的特征表现出来，再用明度略高的蓝色来丰富空间配色，打造既清爽，又不乏童趣的卧室。

C0 M0 Y0 K0
R255 G255 B255

C75 M71 Y71 K37
R66 G61 B58

C67 M70 Y70 K28
R89 G70 B64

C83 M63 Y47 K4
R56 G92 B113

在大面积白色的空间用褐色的地面来稳定配色，并点缀若干灰色和灰蓝色，可以激发出空间的科技感。

◯ C0 M0 Y0 K0
R255 G255 B255

● C55 M59 Y71 K0
R132 G107 B81

● C72 M64 Y58 K13
R86 G88 B92

● C86 M80 Y58 K30
R48 G53 B73

在以白色和褐色为主色的空间加入蓝色可以突出理性感，这种配色比较适合年龄较大的男孩子，既稳重，又不乏天真的气息。

◯ C0 M0 Y0 K0
R255 G255 B255

● C53 M71 Y79 K16
R127 G83 B60

● C90 M77 Y43 K6
R40 G71 B108

● C35 M82 Y82 K1
R177 G75 B56

将蓝色和绿色表现在带有图案的壁纸上，既能令卧室的配色具有变化，又能体现出卧室充满童趣的特点。另外，这两种色彩均是营造清爽氛围的极佳选择。

○ C0 M0 Y0 K0
R255 G255 B255

● C76 M55 Y82 K18
R70 G95 B66

● C87 M76 Y61 K32
R41 G57 B70

● C62 M46 Y29 K0
R114 G129 B154

将灰色、白色和褐色作为空间的背景色，灰蓝色作为主角色，使空间现代又理性。其间点缀的绿色和粉色，则为空间注入了活力与生机。

○ C0 M0 Y0 K0
R255 G255 B255

● C61 M62 Y67 K11
R114 G96 B82

● C82 M65 Y54 K12
R59 G85 B97

● C46 M38 Y35 K0
R154 G152 B153

● C65 M54 Y90 K11
R105 G107 B57

● C42 M58 Y57 K0
R165 G119 B104

8. 沉稳韵味型

C52　R140
M59　G109
Y78　B70
K6

C54　R111
M□□　□□
Y□9　B47
K30

C26　R198
M49　G141
Y90　B45
K0

◇ 配色方向

沉稳韵味型配色是适合老人房的配色，老人通常历经沧桑，喜欢回忆以前的经历，喜欢具有安稳感的空间，不喜欢过于艳丽、跳跃的色彩作为主角色。

◇ 配色关键点

- 质朴而厚重的褐色、浓色调的红色与黄色

◇ 配色禁忌

① 冷色不宜做配色的中心，这类色彩体现不出沧桑感。

② 过于鲜艳的色彩不宜做主色，因为老人房配色要避免过于活跃、刺激。

③ 黑色、冷灰色也不宜大面积使用，过于硬朗，缺乏温馨感。

◇ 配色技巧

① 质朴而厚重的褐色十分适合老人房，可以表现出温暖而又沉稳、具有岁月痕迹和内涵的氛围。

② 黄色与深褐色的搭配灵感来自大自然，这种搭配可以营造出宁静祥和、质朴的氛围，既不会死板、没有重点，也不会太过醒目。

③ 以褐色系为配色中心时，搭配白色可以显得轻快一些，再搭配少量冷色做点缀，可以令老人房显得格调高雅。

④ 浓色调的红色是非常适合老人房的色彩，应用于床品、窗帘等，在不影响老人房质朴氛围的前提下，还可以增加一丝活力。

⑤ 老人房的配色中，也是可以出现红、蓝互补色搭配的，但其明度和纯度皆不宜过高，且面积要控制。

◇ 配色方案

卧室背景色整体采用木色与米灰色搭配，塑造出具有稳定感的朴素、悠然的空间氛围，使人感到祥和、安定。银灰色的床品既与背景色呼应，又具有色调变化，令空间的配色富有层次。

● C52 M59 Y78 K6
　R140 G109 B70

● C36 M29 Y26 K0
　R176 G175 B177

● C18 M16 Y21 K0
　R216 G212 B200

卧室以暖褐色来营造稳定又质朴的氛围，再用具有活力的黄色来丰富配色层次，两种色彩都具有暖意，因此搭配恰当。蓝色的出现令整体配色有了跳跃感，但由于对面积进行了控制，因此不会显得突兀。

● C53 M56 Y57 K1
　R141 G117 B105

● C26 M49 Y90 K0
　R198 G141 B45

● C82 M55 Y49 K3
　R54 G104 B117

大面积白色和灰色塑造的空间理性又节制，再将深褐色应用于地面、家具及窗帘，让质朴、沉稳的感觉注入室内。

○ C0 M0 Y0 K0
R255 G255 B255

● C46 M43 Y36 K0
R154 G145 B148

● C74 M76 Y73 K46
R60 G48 B48

● C61 M43 Y28 K0
R118 G138 B163

◀

以跳跃出现的浓色调的红色作为点缀色，搭配具有安稳感的浅木色及具有明度变化的灰色，打造出兼具现代与传统氛围的交融型空间。

○ C0 M0 Y0 K0
R255 G255 B255

● C53 M44 Y38 K0
R139 G138 B144

● C50 M43 Y42 K0
R146 G141 B137

● C47 M50 Y58 K0
R156 G132 B108

● C54 M88 Y79 K30
R117 G47 B48

▶

沉稳韵味型卧室并非只能采用沉稳、厚重的配色，也可以将红色和蓝色这组冲突型配色加以运用。需要注意的是，这两种色彩的纯度不宜过高，同时也要适当运用褐色和黑色来稳定室内的色彩。

C0 M0 Y0 K0
R255 G255 B255

C41 M25 Y27 K0
R165 G178 B179

C53 M79 Y78 K21
R123 G67 B55

C26 M29 Y35 K0
R198 G181 B162

C0 M0 Y0 K100
R0 G0 B0

第 ⑦ 章 书房

1. 安静舒适型

C14　R222
M36　G176
Y46　B137
K0

C40　R168
M62　G112
Y79　B67
K1

◇ 配色方向

书房是工作和学习的空间，在配色上应以营造安静氛围为主，色彩搭配不宜过于花哨。

◇ 配色关键点

- 明亮的白色
- 充满治愈感的木色

◇ 配色禁忌

安静舒适型空间虽然可以运用黑色作为搭配色，但是切忌面积过大，否则容易令空间显得过于厚重、暗沉，削弱安静和舒适的感觉。

◇ 配色技巧

① 白色和木色的搭配是最适合表现安静的配色，其中白色素雅，不花哨，木色则可以带来温馨和治愈的气息。

② 在白色和木色为主色的书房中，可以加入高级灰作为过渡，这样的配色不仅能够营造安静、舒适的氛围，还能够丰富配色层次，令书房显得高级。

③ 若想令书房具有一丝沉稳感，又不想破坏舒适、安静的氛围，则可以将黑色作为配角色，如选用黑色的座椅等。

◇ 配色方案

浅木色属于温和的色彩，将浅木色大面积应用于书房的家具和地面，奠定了空间平和、安静的基调，再将白色搭配使用，局部点缀灰色。这种配色是十分容易把握的配色方式。

C18 M37 Y53 K0
R214 G171 B123

C0 M0 Y0 K0
R255 G255 B255

C16 M11 Y15 K0
R220 G221 B215

明亮的白色与温润的浅木色搭配在一起，可以轻松营造出安静、平和的书房氛围。若将两种色彩的面积几乎均等地分配在空间中，则空间更具稳定感。

○ C0 M0 Y0 K0
R255 G255 B255

● C24 M33 Y44 K0
R203 G175 B143

● C17 M15 Y17 K0
R219 G214 B208

虽然大面积运用了褐色系，但由于墙面和地面的色彩存在色调上的变化，因此空间配色依然具有层次感，且不乏安静、柔和的气息。

● C44 M54 Y62 K0
R159 G124 B99

● C53 M50 Y56 K0
R138 G126 B110

○ C0 M0 Y0 K0
R255 G255 B255

在以白色和木色为主色的书房中，加入少量黑色作为点缀，可以起到稳定空间配色的作用，也令柔和型的书房具有了视觉重心。

- C24 M28 Y36 K0
  R203 G184 B161
- C0 M0 Y0 K0
  R255 G255 B255
- C0 M0 Y0 K100
  R0 G0 B0

将白色应用于顶面和墙面，将褐色应用于地面，是简单易行的配色手法，能够产生安静、平和的书房气息。为了避免色彩上过于单调，可以用少量黑色来丰富配色层次。

- C0 M0 Y0 K0
  R255 G255 B255
- C43 M55 Y65 K9
  R154 G118 B87
- C0 M0 Y0 K100
  R0 G0 B0

2. 明亮舒展型

C16 R221	C30 R187	C48 R141	C12 R232	C29 R189
M6 G232	M4 G222	M22 G177	M20 G202	M71 G99
Y2 B244	Y7 B235	Y5 B216	Y87 B45	Y88 B48
K0	K0	K0	K0	K0

◇ 配色方向

书房应具备良好的采光，以营造明亮舒展的氛围。在配色时，可以考虑明度较高的白色，以及一些具有扩大空间效果的膨胀色。

◇ 配色关键点

- 大面积干净的白色
- 淡色调、浅色调，以及明亮色调的蓝色
- 膨胀色

◇ 配色禁忌

明亮舒展型书房强调达到通透的视觉效果，应避免暗沉的配色，黑色、暗色调和暗灰色调的冷色一定不能大面积出现。

◇ 配色技巧

① 大面积干净的白色是营造明亮、舒展型书房的极佳主色。

② 蓝色虽然是冷色，具有收缩作用，但其清冷的特质和白色搭配，也可以营造明亮的书房氛围。应注意的是，蓝色宜选择淡色调、浅色调及明亮色调。

③ 橙色和黄色属于膨胀色，小面积运用在书房中就可以起到扩大空间的作用，为书房带来明亮舒展的感觉。

◇ 配色方案

大面积的白色为书房注入明亮感，再用木色来丰富空间的配色。黑色也是可以出现的点缀色，但应以色块的形式出现，不宜分散使用。

○ C0 M0 Y0 K0
R255 G255 B255

● C45 M51 Y65 K3
R156 G128 B93

● C0 M0 Y0 K100
R0 G0 B0

在明亮舒展型书房的配色中，白色和木色搭配依然非常适用。但和安静、舒适型书房有所区别的是应加大白色的使用面积。

○ C0 M0 Y0 K0
R255 G255 B255

● C38 M52 Y67 K0
R174 G131 B91

以白色作为空间主色，再用柔和的木色和浅灰色作为地面配色，奠定出书房明亮的基调。选用了蓝色与橙色相间的装饰画，由于两个色彩的明度均较高，因此不仅为空间带来了色彩变化，也有着提升空间明亮度的作用。

○ C0 M0 Y0 K0
R255 G255 B255

● C36 M40 Y53 K0
R177 G154 B121

● C41 M34 Y35 K0
R166 G162 B157

● C80 M51 Y40 K0
R59 G112 B133

● C33 M52 Y50 K0
R182 G134 B118

书房的面积不大，因此将橙色应用于墙面，膨胀色的使用不仅具有视觉上放大书房的效果，还提高了空间的明亮度。搭配的褐色系通过明度的变化来丰富书房的配色层次。

● C36 M45 Y48 K0
R177 G146 B127

● C59 M60 Y64 K7
R122 G103 B89

● C16 M70 Y69 K0
R212 G106 B74

● C0 M0 Y0 K100
R0 G0 B0

○ C0 M0 Y0 K0
R255 G255 B255

虽然书房的主色依然是较为常规的白色、木色和灰色，但由于色彩出现的位置比较特别，因此令书房
具有了个性与时尚的气息。明亮的橙色懒人沙发是空间最引人注目的配色，为提亮空间起到不可忽视
的作用。

C39 M50 Y64 K0
R172 G135 B97

C0 M0 Y0 K0
R255 G255 B255

C44 M37 Y26 K0
R158 G156 B169

C28 M75 Y84 K0
R191 G91 B54

C0 M0 Y0 K100
R0 G0 B0

3. 古朴底蕴型

 C57 R115 M89 G80 Y79 B58 K20

 C57 R129 M58 G108 Y64 B92 K5

 C0 R0 M0 G0 Y0 B0 K100

 C24 R203 M20 G198 Y26 B187 K0

◇ 配色方向

书房是具有文化韵味的空间，尤其是事业有成的成功人士，适合营造带有古朴氛围的书房。在配色上，以厚重的褐色系为主。

◇ 配色关键点

- 带有暖色调的深褐色
- 用于家具等软装中的黑色

◇ 配色禁忌

①古朴底蕴型书房最重要的是要体现历史与文化的传承感，因此应避免过于轻浮的配色，无论是浅色调、淡色调的冷色，还是暖色均不适合大量使用。

②开放型的多种鲜艳色彩的搭配，同样不适合古朴底蕴型书房，容易令空间显得过于活泼，缺乏厚重感。

◇ 配色技巧

① 带有暖色调的深褐色所独有的沉稳气息，非常符合古朴底蕴型书房的配色要求。

② 在以褐色系为主色的书房中，加入代表冷静、理智的灰色，可以在产生略显轻松的感觉。

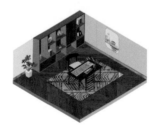

③ 米灰色既有灰色的冷静，又透出淡淡的柔和气息，适合作为古朴底蕴型书房的主色。在这样的空间摆放褐色系的家具，就能轻松打造出一个具有古朴氛围的书房。

④ 黑色显得沉重，可为空间增添厚重感，可以用于打造古朴底蕴型书房。在运用时，面积占比可以略大一些，尽量将其应用于家具等软装，避免作为背景色使用。

◇ 配色方案

厚重的褐色和红色是能激发出书房古朴韵味的配色，再用中灰色调和，使整个空间的历史文化韵味十分浓郁。

● C45 M42 Y40 K0
R157 G146 B142

● C75 M77 Y81 K56
R50 G38 B32

● C59 M73 Y73 K24
R107 G71 B62

用米灰色作为墙面背景色可以表现出稳定、低调的特点，再将灰褐色应用于家具和地面，色彩之间的过渡自然、流畅，具有统一性。

● C16 M13 Y19 K0
R222 G218 B207

● C60 M60 Y63 K7
R119 G103 B90

● C40 M31 Y26 K0
R166 G168 B175

由于书房的背景墙运用了灰色的石材，因此整体空间的氛围冷静又高级。黑褐色的书桌成了视觉中心，具有很强的稳定性，也强化了空间的古朴感。

C27 M21 Y20 K0
R196 G195 B195

C79 M78 Y73 K53
R45 G39 B42

C51 M50 Y61 K0
R145 G127 B102

以米灰色为主色的书房有着柔和、亲切的气息，将偏蓝的灰色应用于地面，使其与墙面的搭配更有层次，再用黑色书桌作为两种色彩之间的过渡，营造出既清雅，又不乏质朴感的书房氛围。

● C24 M20 Y20 K0
R203 G200 B197

● C52 M40 Y29 K0
R137 G144 B160

● C0 M0 Y0 K100
R0 G0 B0

黑色极具稳定感，运用在书房中可以强化空间大气与端庄的特征。再用深浓的灰色作为搭配色，整个空间沉浸在一种理性的氛围之中。用暖褐色和灰红色点缀，则为沉静的空间带来一丝活跃气息，使空间不至于显得过分严肃。

● C30 M24 Y27 K0
R191 G188 B180

● C0 M0 Y0 K100
R0 G0 B0

● C44 M43 Y55 K0
R161 G144 B117

● C65 M75 Y67 K27
R93 G64 B66

4. 精致高级型

C52 R139	C35 R180	C27 R197	C73 R76
M54 G117	M29 G174	M19 G199	M68 G72
Y78 B74	Y40 B153	Y22 B195	Y68 B69
K4	K0	K0	K28

◇ 配色方向

书房也适合表现居住者的品位与格调，可以利用能够表现出精致感的配色，来强调书房浓厚的文化气息。

◇ 配色关键点

- 用金色点缀
- 用银色点缀
- 高级灰

◇ 配色禁忌

打造精致高级型书房应该营造低调但奢华的氛围，因此色彩选用不宜过多、过杂，尤其不适合大面积出现三种以上的绚丽色彩。

◇ 配色技巧

① 灰色是最能够表达高级感的色彩之一，若再加入一些银色元素进行搭配，精致感的气息呼之欲出。

② 品质格调型的书房还可以运用金色来呈现，搭配色则可以选用一些低饱和度的色彩。

③ 白色和黑色搭配，任何情况下都是经典。在这两种色彩中，加入金色或银色的材质，则能够增强书房的精致感。

④ 打造精致高级型的书房，还可以选用一些比较经典的，且能够彰显出精致感的色彩作为点缀色，如当橙色出现在书房中时，空间充满了奢华的气息。

◇ 配色方案

在打造精致高级型书房的方式中，一个非常直接的方式就是用灰色作为主色。在大面积的灰色空间加入金色点缀，则能够体现出一种低调的奢华感。

○ C0 M0 Y0 K0
R255 G255 B255

● C71 M64 Y72 K24
R82 G81 B67

● C51 M51 Y59 K0
R144 G126 B105

● C37 M38 Y65 K0
R176 G156 B101

书房的配色整体笼罩在灰黑色调之中，但由于色彩存在明度变化，因此不会显得无序、寡淡。另外，灰绿色和浅木色都是能有效避免配色过于沉稳的色彩，同时还加强了空间的精致感。

C36 M32 Y44 K0
R178 G168 B142

C33 M38 Y47 K0
R185 G159 B133

C77 M73 Y77 K49
R51 G49 B43

C76 M62 Y71 K24
R70 G81 B71

书房的配色高级而节制，几乎只出现了灰色和黑色两种色彩。由于在配色时将银色和金色应用于家具、灯具等，而且这些物品的质感极佳，有效提升了空间的格调与品质。

C25 M18 Y22 K0
R201 G202 B196

C50 M41 Y42 K0
R144 G143 B139

C0 M0 Y0 K100
R0 G0 B0

原本以灰色、白色和褐色为主色的空间并不出彩，但加入一些银色装饰品进行色彩调整后，空间的精致感得以展现。

● C74 M72 Y80 K47
R59 G51 B41

○ C0 M0 Y0 K0
R255 G255 B255

● C62 M69 Y80 K27
R99 G74 B54

● C76 M69 Y63 K25
R70 G71 B76

鲜艳的橙色自带奢华气息，用于书房能够增强其精致感和高级感，再结合同样具有暖色特征的褐色系，让整体空间的色彩搭配和谐又自然。

● C41 M43 Y53 K0
R167 G146 B120

● C54 M74 Y98 K26
R115 G69 B33

● C31 M74 Y96 K0
R186 G92 B37

● C0 M0 Y0 K100
R0 G0 B0

5. 现代艺术型

C0 R0
M0 G0
Y0 B0
K100

C62 R96
M73 G68
Y76 B56
K30

C95 R39
M93 G45
Y7 B136
K0

C95 R39
M91 G59
Y36 B109
K3

◇ **配色方向**

书房可以是充满现代感和艺术感的，例如，用一些可以表达开放性的配色，或是用一些有碰撞感的配色，这样的书房氛围比较适合都市中的年轻人。

◇ **配色关键点**

- 黑色、褐色、蓝色
- 来自艺术作品的配色
- 开放型的配色

◇ **配色禁忌**

虽然现代艺术型书房在配色上比较灵活，但要注意除了黑色之外，尽量不要运用过于暗沉的色彩做主色，这样的色彩容易带来压抑感，不适合用于阅读和工作的空间。

◇ **配色技巧**

① 打造现代艺术型书房可以参照现代都市型客厅的配色方案，黑色、褐色、蓝色等都可以作为主色。

② 除了常规的无彩色系和褐色做主色，在现代艺术型书房配色中，也可以选择一个褐色以外的有彩色作为主色，这样的配色更具有活力。

③ 可以将蒙德里安对红、黄、蓝的搭配方式应用于现代艺术型书房，这样的配色既协调，又具有艺术气息。

④ 现代艺术型书房可以运用开放型配色来打造，例如，将四角型的配色方式加以利用。

◇ 配色方案

以灰色和黑色作为书房的主色，可以轻松打造出一个现代感极强的空间。褐色中和掉一部分灰、黑色的冷硬感，但又不会形成视觉刺激，作为过渡色非常适合。其中的宝蓝色是强化书房艺术特征的神来之笔，占比不大，却足够吸睛。

C38 M31 Y32 K0
R171 G170 B165

C0 M0 Y0 K100
R0 G0 B0

C50 M65 Y71 K0
R142 G98 B76

C95 M91 Y5 K0
R38 G48 B139

相较于黑色，用米灰色和灰褐色作为书房的主色会显得更加柔和。为了激发出空间的现代艺术气息，加入了理性的深海蓝作为点缀，再结合玻璃和金属材质，空间的现代艺术氛围更加浓郁。

C14 M17 Y14 K0
R224 G213 B211

C62 M63 Y64 K11
R113 G95 B85

C0 M0 Y0 K0
R255 G255 B255

C96 M97 Y47 K16
R34 G40 B87

将中明度的蓝色作为墙面背景色，与暖褐色的地面形成色彩碰撞，激发出空间现代、时尚的气息。点缀色的选用十分灵活，红色、黄色、绿色等均为明亮的色调，使空间的艺术化氛围更加浓厚。

- C70 M46 Y9 K0 R88 G125 B180
- C51 M66 Y94 K12 R135 G93 B44
- C42 M97 Y81 K6 R158 G37 B53
- C25 M46 Y98 K0 R202 G148 B20
- C71 M24 Y24 K0 R68 G155 B181
- C82 M29 Y82 K0 R14 G137 B84

带有灰调的蓝色能够表达高级感，用于书房墙面的配色，有着一种遗世独立的感觉，将其与褐色系进行搭配，形成冷暖色的弱对比，既能体现出现代感，又不会显得过于冷硬。

- C0 M0 Y0 K0 R255 G255 B255
- C36 M19 Y15 K0 R175 G192 B205
- C13 M18 Y21 K0 R229 G213 B200
- C43 M74 Y90 K16 R146 G79 B44

将红、黄、蓝作为书房的主角色、配角色，以及点缀色，明亮的色调令空间具有了活跃感。这种蒙德里安画作中使用过的配色方式，为空间注入了艺术气息。

C0 M0 Y0 K0
R255 G255 B255

C19 M100 Y100 K0
R202 G21 B29

C0 M0 Y0 K100
R0 G0 B0

C64 M48 Y37 K0
R110 G125 B140

C78 M49 Y0 K0
R57 G115 B186

C12 M52 Y95 K0
R222 G142 B18

C12 M31 Y92 K0
R228 G183 B26

第 8 章 厨房

1. 清爽舒缓型

C3	R246		C18	R215		C12	R230
M20	G215		M10	G221		M9	G230
Y28	B185		Y8	B228		Y9	B229
K0			K0			K0	

◇ 配色方向

厨房中不仅有香气，还有油烟与热气，为了给烹饪者带来良好的做饭心情，在设计方案时，应注意让配色起到缓解燥热感的作用，营造出清爽、舒缓、通透的空间氛围。

◇ 配色关键点

- 明度较高的颜色
- 浅淡的木色
- 清透、柔和的浅蓝色

◇ 配色禁忌

缓解燥热感的厨房配色，不宜运用大量的暖色，过于温暖的色彩，容易令厨房显得浮躁。

◇ 配色技巧

① 白色是明度最高的色彩，最适合体现干净、通透的空间氛围。另外，白色也是能很好地平复心情的色彩，适合作为厨房的主色。

② 浅淡的木色柔和而充满治愈气息，与白色搭配，色彩搭配的平衡感很好，可以令厨房的氛围变得舒适、放松。

③ 清透、柔和的浅蓝色，可以让人感到轻松与舒心，将其大面积用于厨房的背景铺陈，结合白色使用，非常适宜打造缓解燥热感的空间。

④ 带有一丝暖调的灰色，如蒸汽灰、米灰色等，将这类灰色作为厨房的主色，可以带来柔和与轻松的空间氛围。另外，这类色彩的明度相对较高，可以提亮空间。

◇ 配色方案

将白色应用于厨房顶面和橱柜，以绝对的面积优势提亮空间。柔和的木色地板与白色搭配和谐，而清雅的绿色为空间注入自然气息，显得清爽又透气。

○ C0 M0 Y0 K0
R255 G255 B255

● C17 M30 Y42 K0
R217 G186 B149

● C46 M30 Y58 K0
R154 G163 B120

虽然浅木色属于暖色，但由于明度较高，因此不会产生燥热感，再搭配明亮、通透的白色，整个厨房的色彩给人感觉是舒缓、无压力的。

○ C0 M0 Y0 K0
R255 G255 B255

● C8 M24 Y36 K0
R235 G202 B165

● C51 M48 Y51 K0
R144 G131 B120

白色和蓝色搭配是极其经典的表现清爽感的配色，若在这两种色彩中加入明度较高的蒸汽灰色调整色彩，可以令原本轻柔的配色显得具有稳定性，也能够增强空间的高级感。

○ C0 M0 Y0 K0
R255 G255 B255

● C37 M18 Y20 K0
R173 G192 B197

● C36 M30 Y29 K0
R177 G173 B170

将蓝色应用于橱柜，给人带来清爽的视觉感受。无论是白色，还是灰色与蓝色搭配均能够凸显明亮感。而浅木色的出现并不突兀，可以增添空间的柔和气息。

○ C0 M0 Y0 K0
R255 G255 B255

● C69 M49 Y34 K0
R97 G120 B143

● C37 M51 Y57 K0
R174 G135 B108

● C44 M36 Y29 K0
R157 G157 B165

将白色和蒸汽灰色应用于厨房可以减弱燥热感。其间出现的灰褐色明度同样较高，这样的配色关系舒适又治愈，适合用于开放型厨房。

C0 M0 Y0 K0
R255 G255 B255

C32 M37 Y40 K0
R187 G164 B147

C40 M32 Y30 K0
R167 G167 B167

C0 M0 Y0 K100
R0 G0 B0

以白色作为墙面的背景色，中灰色作为橱柜配色，可以塑造出轻柔又舒适的空间氛围。再用褐色系的地面来形成上轻下重的配色关系，打造出令烹饪者放松的厨房环境。

C0 M0 Y0 K0
R255 G255 B255

C47 M41 Y46 K0
R152 G146 B132

C50 M66 Y77 K8
R140 G97 B68

C31 M25 Y23 K0
R187 G185 B186

2. 经典实用型

C29　R192
M23　G191
Y22　B191
K0

C0　R0
M0　G0
Y0　B0
K100

C63　R86
M73　G55
Y89　B37
K40

◇ 配色方向

一般家庭中的厨房配色不必过于花哨，可以采用经典实用型配色，既不容易过时，也比较节省装修资金。

◇ 配色关键点

- 无彩色系
- 厚重的木色

◇ 配色禁忌

经典实用型厨房在配色上比较单一，除了黑、白、灰和木色之外，不适宜大量出现其他色彩。

◇ 配色技巧

① 黑色与白色的搭配十分适合经典实用型厨房，简单且容易实现，还不失现代感。

② 白色与灰色搭配的厨房，不仅通透、明亮，而且比较耐脏。

③ 白色与木色的搭配是比较经典的配色，一般木色常用于厨房的柜门，且适合略深一些的木色。

④ 在以白色与黑色为主色的厨房中，加入一点儿木色调剂，可以增加质朴感。

⑤ 灰色与木色搭配，也是适合打造经典、实用型厨房的配色，淡雅中不失温馨。

◇ 配色方案

厨房用黑白两色来打造，高纯度的黑色表现出冷峻、神秘的一面，亮白色则缓解了黑色带来的沉重感，色彩搭配简单而经典。

○ C0 M0 Y0 K0
R255 G255 B255

● C0 M0 Y0 K100
R0 G0 B0

● C29 M29 Y34 K0
R192 G180 B164

吊柜为白色，地柜主要为棕色，上轻下重的配色方式令空间具有了稳定感。再将米灰色应用于墙面，柔和、低调，过渡自然。

● C56 M65 Y76 K13
R124 G92 B67

● C24 M18 Y20 K0
R203 G203 B199

○ C0 M0 Y0 K0
R255 G255 B255

● C0 M0 Y0 K100
R0 G0 B0

厨房墙面采用米灰色的通体砖铺设，橱柜为白色，浅淡的色彩搭配在一起，能够起到提亮空间的作用。地面则选用了深灰色的仿古砖，不仅耐脏，而且还具有稳定配色的作用。

C0 M0 Y0 K0
R255 G255 B255

C22 M20 Y20 K0
R207 G202 B197

C76 M73 Y70 K40
R61 G56 B55

将大面积的白色应用于厨房，明亮又通透，木色橱柜的加入，为空间带来质朴感。再搭配灰色和黑色，整个空间的配色经典又实用。

○ C0 M0 Y0 K0
　R255 G255 B255

● C0 M0 Y0 K100
　R0 G0 B0

● C29 M35 Y48 K0
　R198 G163 B134

● C45 M40 Y45 K0
　R156 G148 B136

灰色系的大面积运用，令厨房具有了一丝高级感，搭配木色橱柜，为厨房注入了温润的气息。这样的配色比较适合既喜欢现代感，又希望拥有舒适烹饪环境的家庭。

● C46 M38 Y34 K0
　R154 G152 B156

● C36 M43 Y57 K0
　R177 G148 B113

○ C0 M0 Y0 K0
　R255 G255 B255

155

3. 个性前卫型

C0	R0
M0	G0
Y0	B0
K100	

C78	R56
M73	G55
Y70	B56
K41	

C53	R100
M100	G16
Y100	B20
K41	

C72	R100
M82	G68
Y40	B110
K3	

C89	R42
M86	G48
Y54	B76
K27	

◇ 配色方向

干净、柔和的厨房配色虽然适合大众，但一些年轻人希望拥有与众不同的厨房配色，这时可以考虑用色彩对撞，以及无主次配色来打造个性、前卫的厨房空间。

◇ 配色关键点

- 无主次配色
- 色彩对撞

◇ 配色禁忌

个性前卫型厨房配色最重要的是带来视觉冲击。因此，白色、明度过高的浅淡色彩不适合大面积使用，这类色彩过于轻柔，不具备视觉冲击力。

◇ 配色技巧

① 大面积的黑色适合打造个性前卫型厨房，容易形成艺术化氛围。若加入绿植点缀，则能带来些许文艺气息。

② 黑色与深灰色叠加，可以营造出深沉的空间氛围。无主次的配色手法展现出个性、前卫的设计风格。

③ 在黑色中点缀红色，极易形成视觉冲击，红色的面积无须大，一点点就足以吸睛。

④ 个性前卫型厨房还可以用大色块的对撞来呈现。选用的色彩上最好带有一定的力量感，以形成具有稳定性的空间配色。

◇ 配色方案

将中灰色应用于橱柜，再选用黑色的冰箱与之搭配，使厨房具有个性、前卫的特征。窗前的绿植是提亮空间配色的点睛之笔。

● C30 M27 Y26 K0
R191 G183 B180

● C0 M0 Y0 K100
R0 G0 B0

● C65 M28 Y98 K0
R106 G149 B53

黑色橱柜占据了厨房的大部分空间，具有稳定配色的作用。厨房地砖的图案为灰色和黑色相间的六边形，在配色上和墙面、橱柜形成呼应，图案则具有放大空间的功效。红色的吧台凳是厨房中最亮丽的一抹色彩，与黑色的碰撞非常惊艳。

● C0 M0 Y0 K100
R0 G0 B0

● C35 M29 Y25 K0
R179 G176 B179

● C41 M100 Y90 K7
R159 G30 B44

厨房的配色以黑色为主，带来强烈的视觉冲击，再用不同的材质来丰富黑色的层次，令空间显得更加现代、高级。苍翠欲滴的绿植的加入，则为空间带来生命力。

● C0 M0 Y0 K100
R0 G0 B0

○ C0 M0 Y0 K0
R255 G255 B255

● C70 M49 Y100 K9
R91 G111 B48

将紫色应用于橱柜，再加入灰蓝色的花纹壁砖，形成的配色关系具有了艺术气息。为了令厨房配色更加和谐，主色选用了白色和灰色，用以缓和色彩对撞带来的强烈冲击。

○ C0 M0 Y0 K0
R255 G255 B255

● C37 M31 Y32 K0
R174 G170 B165

● C68 M79 Y31 K0
R109 G74 B122

● C94 M80 Y66 K46
R12 G42 B54

当厨房中运用了大面积褐色时，可以呈现出质朴的感觉。将深色调的蓝色与之搭配，则会带来现代、时尚感。若在地面选用花纹独特，且色彩与空间主色形成呼应的马赛克地砖，则能够增强空间的艺术化气息。

● C44 M49 Y58 K0
R160 G135 B108

○ C0 M0 Y0 K0
R255 G255 B255

● C100 M100 Y54 K25
R22 G34 B74

● C50 M37 Y33 K0
R142 G151 B157

4. 精致小资型

C18　R213
M34　G177
Y33　B162
K0

C39　R169
M21　G184
Y32　B173
K0

C29　R188
M68　G106
Y63　B87
K0

C45　R155
M37　G154
Y33　B157
K0

C21　R211
M23　G194
Y46　B147
K0

◇ 配色方向

精致小资型厨房配色讲究色彩之间的平衡搭配，既不能过于活跃，也不宜显得沉闷，还要带有一丝若有若无的文艺气息。

◇ 配色关键点

- 偏灰的莫兰迪色
- 高贵、精致的金色

◇ 配色禁忌

精致小资型的厨房配色，除了白色之外，其他出现的色彩，最好均偏灰，以形成高级、疏离的文艺感。过于浅淡和深暗的颜色均不适合大面积出现在此类空间（黑色和灰色系除外）。

◇ 配色技巧

① 偏灰的莫兰迪色自带高级与文艺的气质，用于厨房的配色中，可以令空间演绎出甜而不腻的小资情调。

② 灰绿色可以传达出平和的感觉，若利用带有暖意的褐色与之搭配，一切都显得那么和谐、自然，将人拉进精致小资的空间。

③ 金色自带高贵、精致的属性，也是营造小资厨房的适宜配色。运用时比例无须过大，仅是点缀即可，否则容易令空间显得俗气。

④ 用少量的暖色点缀可以起到提亮空间的作用，这个方法可以用到精致小资型厨房配色中。但应注意的是，暖色依然要偏灰，过浅和过深的色调均不适宜。

◇ 配色方案

将优雅、柔和的淡山茱萸粉色应用于橱柜，再以白色进行调和，会令厨房产生自然、灵动的气息。浅灰色的地面则能够带来高级感，使整个空间具有甜而不腻、温婉又高雅的情调。

○ C0 M0 Y0 K0
R255 G255 B255

● C14 M20 Y18 K0
R224 G208 B202

● C15 M15 Y14 K0
R223 G216 B213

白色和灰色搭配可以塑造出多种空间风格，当在这两种色彩中加入金色点缀，则可以令空间显得高级又精致。若再加入一些精美的法式装饰线条，则整个空间可以呈现出一种独特的小资风情。

○ C0 M0 Y0 K0
R255 G255 B255

● C36 M29 Y24 K0
R175 G174 B179

● C16 M18 Y43 K0
R222 G206 B155

将柔和的灰绿色应用于空间能够增强淡雅、精美的感觉。再搭配明度适中的木色，整个空间被塑造得文艺又舒适。

- ● C29 M22 Y30 K3
  R188 G188 B174

- ● C48 M54 Y62 K0
  R152 G122 B99

- ○ C0 M0 Y0 K0
  R255 G255 B255

将白色和灰色作为墙面背景色，结合浅木色的地柜，营造出柔和、明亮的空间氛围。黑色高柜和吧台椅则起到了稳定配色的作用。然而最能提升空间精致感的元素是金色的吊柜，反射的亮光令厨房十分耀眼。

- C12 M19 Y22 K0
  R229 G210 B196
- C17 M13 Y12 K0
  R219 G219 B219
- C22 M24 Y54 K0
  R209 G190 B129
- C0 M0 Y0 K0
  R255 G255 B255
- C0 M0 Y0 K100
  R0 G0 B0

黑色和木色相间的橱柜稳定中不失轻快感，大面积的白色通透、明亮，为厨房带来清爽气息。若空间只有这三种色彩，难免平淡，因此在墙面加入了红色墙砖，不仅能够带来视觉上的变化，也令空间显得精美。

- C0 M0 Y0 K0
  R255 G255 B255
- C0 M0 Y0 K100
  R0 G0 B0
- C18 M27 Y37 K0
  R218 G193 B163
- C42 M84 Y87 K6
  R158 G68 B50

1. 洁净清爽型

C9	R236	C6	R243	C10	R234
M7	G236	M4	G243	M11	G226
Y6	B237	Y12	B231	Y25	B198
K0		K0		K0	

◇ 配色方向

有些家庭的卫生间面积不大，还是暗卫，这就需要打造洁净清爽型空间。在配色时，应尽量选择明度较高的色彩，为小空间注入明亮感。

◇ 配色关键点

- 洁净的白色、乳白色
- 接近白色的浅灰色、浅米色

◇ 配色禁忌

洁净感的塑造主要依赖于大面积的白色，且点缀色不宜过多，不宜过于凌乱，否则会破坏主体氛围。高明度的冷色虽然冷清、清爽，但是缺乏洁净感，不宜用在此种卫生间内。过于厚重的及过于鲜艳的色彩也不宜大面积地使用。

◇ 配色技巧

① 白色给人整洁、纯净的色彩印象，非常适合在小面积卫生间中大面积使用，能够给人宽敞、整洁的感觉。

② 除了白色，浅灰色也是可以大面积使用的色彩，若加入少量黑色点缀，可以令空间显得更加稳定。

③ 白色与浅木色搭配，白色与浅蓝色搭配都是可以用于打造洁净清爽型卫生间的配色。

④ 洁净清爽型卫生间的地面可以用一些彩色的花纹地砖，避免产生过于空旷的感觉，但墙面和顶面不宜搭配过多的其他色彩，会破坏整洁感。

◇ 配色方案

用明度相对较高的灰色与白色组合，可以打造出略带层次感的洁净卫生间。玻璃、镜面等具有通透感，可以令空间显得十分明亮。

○ C0 M0 Y0 K0
　R255 G255 B255

● C31 M24 Y23 K0
　R188 G188 B188

白色做主色可以打造一种明快、整洁的环境。再将原木色用在家具上，增添了生活气息。为了丰富空间色彩，选用了柔和的木色和灰色相间的地毯进行调整。

○ C0 M0 Y0 K0
　R255 G255 B255

● C29 M33 Y34 K0
　R192 G173 B160

● C66 M58 Y58 K6
　R106 G106 B100

卫生间干区的面积不大，白色和浅灰色结合使用，带来干净、整洁的气息，与邻近空间的木地板在色彩上搭配相宜。

C0 M0 Y0 K0
R255 G255 B255

C54 M47 Y46 K0
R137 G132 B128

C43 M46 Y54 K0
R165 G141 B117

将浅灰色作为卫生间的主色，搭配白色与黑色相间的卫浴柜，不仅配色上给人整洁、明快的感觉，空间及家具的造型也简洁、利落。

C24 M18 Y18 K0
R202 G202 B202

C0 M0 Y0 K0
R255 G255 B255

C73 M66 Y67 K23
R78 G78 B74

C81 M76 Y72 K49
R44 G45 B46

整体空间的配色围绕白色展开，再将金色作为点缀色表现在一些细节中，大幅增强了卫生间的精致感。而地面的花纹地砖是提升空间品质的点睛之笔，暖色使原本明亮的空间更显明快。

○ C0 M0 Y0 K0
R255 G255 B255

● C50 M57 Y61 K1
R146 G116 B98

● C48 M62 Y100 K7
R147 G103 B38

● C64 M50 Y64 K3
R111 G119 B98

清雅的蓝色与白色搭配具有干净、清透的感觉。为了避免空间配色过于单调，在地面运用了不同灰色组合而成的花纹地砖，以丰富空间的配色层次。

○ C0 M0 Y0 K0
R255 G255 B255

● C53 M17 Y18 K3
R124 G176 B196

● C23 M20 Y23 K6
R198 G193 B185

● C61 M58 Y57 K4
R119 G108 B102

2. 现代力量型

C0 R0
M0 G0
Y0 B0
K100

C71 R86
M64 G84
Y66 B78
K19

C69 R96
M61 G95
Y61 B92
K11

C91 R26
M87 G36
Y64 B53
K47

◇ 配色方向

现代力量型卫生间配色具有人工痕迹。因此，在选择色彩时，可以参考各种灰色楼房，以及广场上黑色石料做的地面等。

◇ 配色关键点

- 黑色、深灰色做配色中心
- 最多选择两种色彩做撞色

◇ 配色禁忌

现代力量型卫生间依靠黑、白、灰色的组合来打造，具有强烈的人工痕迹。暖色或温暖或厚重，缺乏人工痕迹，均不适合做配色中心，无法用来表现现代、力量感。

◇ 配色技巧

① 表现具有现代、力量感的卫生间，通常用黑色、深灰色、深蓝色做配色中心。

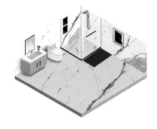

② 在以黑、灰色为主色的卫生间中，用白色搭配，可以令空间显得整洁、宽敞一些。

③ 与其他空间不同的是，卫生间的面积通常不会太大，在体现现代感时，可以搭配一些黑色或茶色的玻璃隔断，为空间增添通透感。

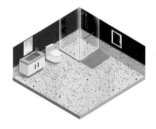

④ 现代力量型卫生间是可以出现彩色的，少量彩色的出现可以使小空间的生活气息更浓。但应注意的是，彩色不宜过多，最多选择两种色彩做撞色。

◇ 配色方案

将黑色与深灰色相间的石材应用于卫生间的墙面和地面，令空间具有现代与力量感。白色浴缸减弱了黑色的沉闷感。

● C0 M0 Y0 K100
R0 G0 B0

● C70 M62 Y56 K8
R94 G95 B99

○ C0 M0 Y0 K0
R255 G255 B255

灰色是卫生间的主要色彩，灰色石材无论材质还是色彩均带有现代感。地面为灰色和黑色相间的带花纹地砖，具有动感的图案可以令卫生间显得有活力。

● C35 M30 Y29 K0
R179 G174 B171

● C0 M0 Y0 K100
R0 G0 B0

卫浴间干区的面积不大，将中灰色作为主色大面积使用，再用少量的红色做点缀，带来低调且有活力的气息，使空间具有现代感。

● C64 M58 Y56 K5
　R111 G106 B103

● C40 M91 Y100 K5
　R163 G55 B36

● C0 M0 Y0 K100
　R0 G0 B0

深沉的暗夜蓝鲜明又霸道，应用于墙面可以营造出深沉的空间氛围，搭配的色彩以黑色和白色为主，现代感十足。

● C93 M89 Y65 K51
　R21 G29 B48

● C84 M79 Y78 K63
　R28 G29 B29

○ C0 M0 Y0 K0
　R255 G255 B255

虽然卫生间中出现了甜美的粉色洗手台，但由于灰色和孔雀蓝色占据了绝对的面积优势，空间呈现出的氛围依然是现代的。粉色的加入及金色的点缀，使卫生间的精致感得到增强。

● C92 M79 Y61 K35
R23 G51 B68

● C31 M23 Y17 K0
R186 G189 B198

● C47 M60 Y47 K0
R153 G113 B117

● C42 M45 Y84 K0
R166 G140 B66

3. 品质考究型

C29 R193	C27 R196	C24 R201	C6 R237	C25 R200
M44 G151	M20 G196	M44 G155	M31 G193	M3 G228
Y69 B90	Y27 B184	Y52 B120	Y14 B198	Y11 B229
K0	K0	K0	K0	K0

◇ 配色方向

对于一些追求高品质生活的家庭，即使是卫生间也需要体现出精致感。在配色时，可以考虑运用一些带有女性气息的色彩增强空间的精美感，或者用金色呈现出低调的奢华感。

◇ 配色关键点

- 带有光泽的金色或银色
- 柔美而浪漫的女性色

◇ 配色禁忌

品质考究型卫生间配色应在细节处用心，色彩的搭配不宜过于繁复。虽然这类卫生间在用色上的限制并不严格，但开放型的多色彩搭配不适合。

◇ 配色技巧

① 金色极其适合打造精致空间，结合材质的光泽，可以令卫生间熠熠生辉。

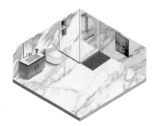

② 银色相对金色来说低调一些，但依然可以体现出精致的感觉，结合灰色使用，可为空间增添高级感。

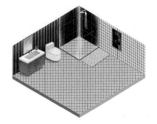

③ 带有女性气息的色彩柔美而浪漫，用于卫生间中，能够为空间带来精美感，令卫生间这种小空间不显得单调。

◇ 配色方案

以灰色为主色的卫生间由于加入了带有光泽感的镜钢柜门，因此显得更加通透，而且由于具有了光影的映射效果，整个空间的观赏度极高。

● C31 M28 Y31 K0
R187 G180 B170

● C44 M34 Y35 K0
R158 G159 B157

● C19 M12 Y13 K0
R215 G219 B218

将明度较高的淡蓝色与白色作为空间的主色，带来清透、柔和的视觉感受。出现在卫浴柜把手中的金色是提升空间品质的绝佳点缀色。

○ C0 M0 Y0 K0
R255 G255 B255

● C39 M23 Y26 K0
R169 G182 B182

● C44 M52 Y71 K0
R161 G129 B85

具有金属光泽的马赛克壁砖使卫生间的干区有了金碧辉煌的效果，大幅提升小空间的精美气息。为这样的空间进行配色并不复杂，仅用白色和灰色就可以很好地表现出空间的考究感。

○ C0 M0 Y0 K0
R255 G255 B255

● C44 M51 Y76 K0
R161 G129 B78

● C61 M67 Y98 K28
R99 G75 B35

● C32 M28 Y32 K0
R186 G180 B168

灰色的卫浴柜与复古绿色的墙面相搭配，再用少量金色元素做点缀，使空间的精致感展露无遗。

○ C0 M0 Y0 K0
R255 G255 B255

● C56 M44 Y37 K0
R131 G135 B144

● C85 M60 Y76 K29
R40 G77 B64

● C47 M49 Y55 K0
R153 G133 B112

相对于纯正的红色，偏灰的红色的刺激感有所降低，空间的品质得以展现，搭配同样具有高级感的灰色可以塑造出一个考究、精致的卫生间。

● C46 M72 Y79 K7
R149 G87 B63

● C35 M33 Y36 K0
R180 G168 B156

○ C0 M0 Y0 K0
R255 G255 B255

4. 灵动自然型

C0 R0
M0 G0
Y0 B0
K100

C71 R86
M64 G84
Y66 B78
K19

C69 R96
M61 G95
Y61 B92
K11

C91 R26
M87 G34
Y64 B53
K47

◇ 配色方向

空间面积越小，越应该营造出灵动、自然的氛围，这样家中的氛围才不会显得沉闷。在打造具有灵动自然型卫生间时，主要依靠绿色。

◇ 配色关键点

- 明朗的绿色
- 取自自然界的色彩

◇ 配色禁忌

① 配色时需要注意避免采用大面积的冷色来搭配绿色，这样做会增添空间的凉爽感，但无法营造自然氛围。

② 过于鲜艳、热烈的暖色也要避免大面积使用，绿色与其搭配会导致空间过于活跃，不够平和。

◇ 配色技巧

① 明朗的绿色是取自自然界的色彩，具有盎然的生机，给人充满希望的感觉。将其用在卫生间中，可以带来田园气息或营造清新的氛围。

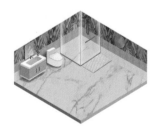

③ 红色、粉色的鲜花搭配绿叶，能够呈现出浓郁的生机。采用这样的色彩搭配，使卫生间不仅生机盎然，而且很生动。

② 如果觉得一种绿色过于单调，可以选用不同明度的绿色墙砖活跃空间。同时，还可以加入木色做搭配，增强空间的自然感。

④ 营造灵动自然型卫生间可以适当采用开放型的配色关系，如运用四角型配色，但是要控制除了绿色之外的其他色彩的比例，不可压制绿色，否则容易丧失灵动、自然的感觉。

◇ 配色方案

在以白色为主色的卫生间中，加入多色彩搭配的花砖来丰富空间的配色关系，增添了卫生间的灵动气息。另外，花砖的配色来源于自然，橙、绿、蓝的搭配具有春日的鲜妍感。

- C0 M0 Y0 K0
  R255 G255 B255
- C53 M53 Y76 K3
  R137 G119 B77
- C63 M19 Y22 K0
  R94 G167 B189
- C73 M49 Y100 K9
  R85 G110 B49
- C15 M64 Y93 K0
  R215 G118 B33
- C58 M43 Y76 K1
  R126 G133 B83

将清雅的绿色应用于墙面，搭配白色与灰色，直接明了地将自然气息激发出来。地面出现的少量黑色起到稳定空间配色的作用。

● C19 M10 Y19 K0
R215 G220 B208

● C44 M36 Y34 K0
R157 G157 B157

○ C0 M0 Y0 K0
R255 G255 B255

● C0 M0 Y0 K100
R0 G0 B0

将具有多种明度和纯度变化的绿色应用于卫生间墙面，能够在同一色彩印象下丰富空间层次。再搭配质朴的原木色，可以令卫生间充分体现出自然气息。

○ C0 M0 Y0 K0
R255 G255 B255

● C32 M27 Y25 K0
R186 G182 B181

● C73 M52 Y64 K6
R83 G108 B96

● C58 M43 Y56 K0
R126 G135 B116

● C45 M66 Y79 K4
R154 G100 B66

轻柔的粉色与鲜艳的绿色相搭配，给人一种轻快、怡人的视觉感受。这样的色彩组合运用到卫生间的配色中，可以令人的心情随之放松。

● C69 M54 Y82 K12
R93 G104 B67

● C55 M40 Y63 K0
R133 G141 B105

● C21 M31 Y30 K0
R208 G181 B169

● C20 M19 Y23 K0
R211 G204 B194

在以无彩色系中的色彩为主色的卫生间中，加入绿底带花朵图案的防水壁纸做装饰，使空间生机益然。金色作为点缀色则令空间显得格调高雅。

● C77 M42 Y85 K3
R69 G122 B74

● C0 M0 Y0 K100
R0 G0 B0

● C27 M22 Y14 K0
R195 G195 B205

● C52 M65 Y80 K10
R135 G96 B64

● C43 M92 Y88 K10
R152 G49 B47

第⑩章 玄关

1. 明朗通透型

C12 R230	C60 R111	C43 R153
M8 G231	M29 G156	M17 G188
Y10 B228	Y24 B177	Y4 B222
K0	K0	K0

◇ 配色方向

玄关作为入户的过渡空间，面积通常有限，且距离窗户较远，因此光线贯穿有限。在配色时，应选择明度相对较高的色彩来提升玄关的明亮度。

◇ 配色关键点

• 明度最高的白色
• 具有后退感的蓝色

◇ 配色禁忌

打造明朗通透型玄关切忌大面积使用纯度低的暖色，这类色彩不仅厚重，而且自身所具有的温暖感会令小空间显得更加燥热，使人透不过气。

◇ 配色技巧

① 明度最高的白色无疑是打造明亮、通透型玄关的绝佳色彩，若结合镜子或玻璃隔断使用，可以在视觉上让人感觉玄关很宽敞。

② 蓝色具有后退感，也是适合在视觉效果上放大空间的色彩，且其清爽感可以令人在一进门时就心情舒畅。在玄关巧妙运用蓝色与白色搭配，可以为空间带来明朗、通透的视觉效果。

③ 虽然黑色容易给人带来沉重的感觉，但将少量的黑色与白色搭配，不仅可以令玄关有了视觉重心，也不会破坏空间的通透效果。一般来说，黑色适合在地面或墙面做小面积的点缀。

◇ 配色方案

玄关以白色为主色，地面选用褐色的石材，形成深浅有度的配色关系。透明玻璃隔断的加入，不仅令空间划分得更加有序，而且与白色一起打造出通透、明亮的空间。

○ C0 M0 Y0 K0
R255 G255 B255

● C44 M44 Y43 K0
R158 G143 B136

将白色应用于定制玄关柜，搭配蓝色，为玄关带来具有明亮感的配色关系。棕色的出现起到丰富配色层次的作用，也使玄关配色显得更加稳定。

○ C0 M0 Y0 K0
R255 G255 B255

● C36 M33 Y34 K0
R176 G167 B160

● C68 M72 Y77 K39
R77 G60 B49

● C60 M29 Y24 K0
R111 G156 B177

● C85 M77 Y70 K48
R35 G44 B50

在玄关的墙面设置一面镜子，再搭配干净、明亮的白色，令原本没有直接采光的小空间变得通透起来。

○ C0 M0 Y0 K0
R255 G255 B255

● C47 M38 Y40 K0
R151 G151 B146

用白色做主色，将其应用于玄关的顶面、墙面及定制柜，使玄关显得宽敞、明亮、整洁。为了避免单调，加入少量灰色和黑色搭配，丰富空间的配色层次。

○ C0 M0 Y0 K0
R255 G255 B255

● C36 M30 Y33 K0
R175 G172 B163

● C0 M0 Y0 K100
R0 G0 B0

白色是提亮空间的绝佳色彩，大面积的白色非常有利于打造明朗、通透的空间环境。为了丰富空间的配色层次，可以选取黑色与之搭配，但应控制好黑色的使用面积，且黑色适合分散出现。

C0 M0 Y0 K0
R255 G255 B255

C24 M19 Y17 K0
R202 G202 B204

C0 M0 Y0 K100
R0 G0 B0

2. 友善亲和型

C49　R147
M57　G115
Y75　B77
K3

C29　R193
M35　G168
Y46　B138
K0

C4　R247
M0　G250
Y14　B230
K0

◇ 配色方向

玄关是客人来访时，进入的第一个家居空间，适合给人留下友善、亲和的印象。从配色上来看，玄关适合选用柔和的色彩来进行色彩搭配。

◇ 配色关键点

- 柔和的浅木色
- 略微偏黄的奶油白

◇ 配色禁忌

友善亲和型玄关给人印象是柔和、舒适的，不应该带有压迫感和刺激感。因此，在配色时，大面积过冷、过暖、过暗沉的色彩均不适宜，且不宜运用互补色配色、对比色配色等手法。

◇ 配色技巧

① 温柔的浅木色是极能体现出友善、亲和感的色彩。玄关非常适合定制的浅木色家具，这种家具无论是色彩，还是材质，均给人一种舒服的感受，不带有一点儿压迫感。

② 略微偏黄的奶油白，也是非常适合打造友善亲和型玄关的配色，既保有白色的清透感，还带有一丝温暖的黄色，使空间的轻柔感适中。

③ 若觉得白色与木色塑造的空间略显单调，可以加入一些彩色进行调整，但最好选择一些有活力、自然的色彩，且只用于局部点缀。

◇ 配色方案

将木色应用于定制玄关柜令人一进门就能感受到亲和的气息。白色作为背景色与木色搭配，能够令空间氛围变得舒适、放松。

○ C0 M0 Y0 K0
　R255 G255 B255

● C49 M57 Y75 K3
　R147 G115 B77

● C51 M44 Y49 K0
　R142 G137 B126

温馨、低调的浅木色不会令空间显得呆板，反而能够散发出治愈的气息。当与带有一丝暖意的灰色进行搭配时，形成色彩之间的柔和对比，令人感觉十分舒适。

● C37 M33 Y34 K0
　R175 G167 B161

● C41 M48 Y55 K3
　R164 G135 B111

小面积房屋中的玄关配色不宜过于复杂，简简单单的无彩色系搭配，再加入小面积的木色做调整，就能够轻松打造出一个友善亲和型玄关。

C34 M33 Y27 K0
R180 G170 B173

C44 M40 Y28 K0
R157 G151 B163

C0 M0 Y0 K0
R255 G255 B255

C35 M47 Y48 K0
R180 G144 B126

C82 M79 Y71 K52
R41 G40 B44

以白色与木色为主色的玄关质朴又温馨。再将红、黄、绿三种色彩应用于顶部，为空间带来了一丝活力。

○ C0 M0 Y0 K0
R255 G255 B255

● C40 M49 Y64 K0
R169 G135 B98

● C31 M71 Y83 K0
R185 G98 B57

● C75 M46 Y76 K4
R77 G118 B84

● C23 M43 Y88 K0
R204 G154 B50

带有暖意的奶油白也是体现亲和感的绝佳色彩，应用于定制玄关柜，既柔和，又治愈。

○ C0 M0 Y0 K0
R255 G255 B255

● C29 M35 Y46 K0
R193 G168 B138

● C34 M43 Y59 K0
R183 G151 B108

3. 冷静理性型

 C0 R0 M0 G0 Y0 B0 K100

 C58 R126 M49 G126 Y46 B127 K0

 C62 R105 M67 G81 Y71 B69 K20

 C78 R73 M73 G75 Y52 B95 K13

◇ 配色方向

冷静理性型玄关适合带有现代感的家居环境。在配色时，大体上参考现代、都市型的客厅配色即可。

◇ 配色关键点

- 黑、白、灰三色搭配
- 大面积的深褐色
- 冷静、理性的深蓝色

◇ 配色禁忌

冷静理性型玄关配色从本质上来说还是要强调出现代感，因此配色上应保留冷静的特点，不适合用过于烦琐的色彩来扰乱空间的情绪表达。

◇ 配色技巧

① 黑、白、灰三色搭配，既简单，又非常容易体现出空间特征。在冷静理性型玄关配色中，可以加大黑色或灰色的使用面积。

② 如果觉得灰色和黑色搭配会令玄关空间显得暗沉，不妨加入褐色来调整。褐色系中带有少许的暖意，可以减弱玄关的疏离感。

③ 大面积的深褐色可以应用于玄关的定制家具，深色调所具备的沉稳、充实感可以令空间显得更加稳定。

④ 深蓝色是非常适合表达理性感的色彩，将其应用于玄关，并和黑色进行搭配，可以加强空间的现代、利落感。

◇ 配色方案

将黑、白、灰三色作为玄关的背景色，由于灰色的占比较大，因此现代、理性感更强烈。暗红色的单人沙发在色调上与空间的整体配色相协调，其本身所具有的暖意有着引人注目的效果。

● C71 M62 Y60 K13
R88 G91 B90

● C63 M54 Y53 K1
R115 G115 B113

○ C0 M0 Y0 K0
R255 G255 B255

● C0 M0 Y0 K100
R0 G0 B0

● C55 M87 Y83 K36
R103 G43 B40

灰色的明度变低，温和感减弱，使空间显得更有力量。若将其大面积应用于墙面，整体空间的理性、硬朗气质被激发出来。与之搭配的褐色和黑色均带有沉稳感，三色搭配，凸显男性气质。

● C49 M57 Y69 K2
R148 G116 B86

● C53 M48 Y51 K0
R138 G131 B120

● C39 M32 Y31 K0
R169 G168 B166

● C0 M0 Y0 K100
R0 G0 B0

深色调的褐色可以营造出理性、大气的环境氛围。再以同色系、不同明度和纯度的褐色搭配，以极平和的方式丰富空间的色彩层次。

● C62 M67 Y71 K20
R105 G81 B69

● C35 M39 Y49 K0
R180 G157 B129

○ C0 M0 Y0 K0
R255 G255 B255

运用黑色做背景色可以营造出深沉的空间氛围。若搭配宝蓝色，可以打破空间的沉寂，凸显出理性感。

● C82 M80 Y80 K65
R30 G26 B25

● C41 M56 Y76 K0
R167 G123 B74

● C78 M73 Y52 K13
R73 G75 B95

黑色与深色调的蓝色搭
配，既具有现代感，又
能够彰显出理性气息。
在这样的配色中，用橙
红色这种亮色做点缀，
可以打破空间的沉寂，
为玄关带来一丝活力。

C0 M0 Y0 K0
R255 G255 B255

C0 M0 Y0 K100
R0 G0 B0

C79 M55 Y42 K0
R66 G106 B128

C36 M82 Y94 K1
R174 G76 B42

4. 高级轻奢型

C34 R181
M42 G152
Y60 B108
K0

C21 R210
M18 G205
Y20 B199
K0

C36 R178
M41 G153
Y38 B146
K0

C66 R106
M51 G119
Y41 B132
K0

C49 R148
M47 G135
Y36 B144
K0

◇ 配色方向

若想令来访者一进门就感受到居住者的高雅格调，将玄关塑造成高级轻奢型的空间十分适宜。在配色上，可以考虑使用一些自带高级感的色彩，如金色、高级灰、莫兰迪色等。

◇ 配色关键点

- 金色
- 高级灰
- 莫兰迪色

◇ 配色禁忌

高级轻奢型玄关的配色不可显得俗套、刺激，因此不宜使用纯度较高的色彩，带有灰色调的色彩是最适合的。

◇ 配色技巧

① 打造高级轻奢型玄关，可以将金色应用于墙面的装饰线条，或者选择一些带有金色框架的小型家具。

② 高级灰是自带高级感的色彩，用于打造轻奢型玄关也十分适宜。无论是应用于墙面、顶部、地面，还是应用于软装均会有不俗的表现。

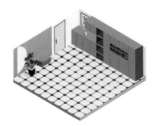

③ 莫兰迪色也是充满高级感的色彩，不仅能够提升玄关的格调，而且能增强空间的可看性。

◇ 配色方案

在以白色为主色的空间加入金色做点缀是非常简单易行的提升品质的配色方法。在玄关这种小空间，金色可以表现在墙面装饰线上，用细节将格调提高。

○ C0 M0 Y0 K0
R255 G255 B255

● C49 M53 Y53 K0
R150 G126 B114

● C52 M64 Y89 K11
R136 G98 B53

● C0 M0 Y0 K100
R0 G0 B0

米灰色的护墙板给人一种雅致的感觉，结合点缀的茶色和金色，打造出具有轻奢韵味的玄关。

● C21 M18 Y20 K0
R210 G205 B199

● C0 M0 Y0 K100
R0 G0 B0

○ C0 M0 Y0 K0
R255 G255 B255

● C34 M42 Y60 K0
R181 G152 B108

以白色和灰色作为玄关主要配色，可营造高级又明亮的空间氛围。主角色选用了深褐色，形成视觉重心，令配色更具稳定性。金色、灰粉色和茶绿色的点缀，不仅从色彩上丰富空间，更是以材质特征凸显了空间的高品质。

C0 M0 Y0 K0
R255 G255 B255

C27 M21 Y28 K0
R196 G194 B181

C23 M34 Y47 K0
R205 G174 B136

C63 M72 Y89 K39
R86 G60 B38

C36 M41 Y38 K0
R177 G154 B146

C57 M45 Y72 K1
R130 G131 B88

C21 M23 Y57 K0
R211 G192 B124

墙面的灰色花纹壁纸彰显了玄关的高级感。褐色的地面带来温暖的视觉感受，中和了一部分灰色的冷硬感。再用灰红色与金色搭配的换鞋凳来调整空间配色，以打造出一个精致的空间。

C0 M0 Y0 K0
R255 G255 B255

C49 M40 Y38 K0
R147 G147 B147

C55 M64 Y80 K13
R124 G93 B63

C52 M75 Y64 K9
R136 G79 B79

灰色调的蓝色和紫色能使玄关显得柔和，更容易被大多数居住者接受。如若将这两种色彩运用到玄关的家具与墙面壁纸中，能够使空间优雅而柔和。

C0 M0 Y0 K0
R255 G255 B255

C66 M51 Y41 K0
R106 G119 B132

C49 M47 Y36 K0
R148 G135 B144

C0 M0 Y0 K100
R0 G0 B0

5. 活泼靓丽型

 C21 R208 M44 G153 Y97 B18 K0

 C38 R168 M100 G30 Y84 B50 K2

 C17 R210 M70 G104 Y85 B48 K0

 C13 R215 M71 G102 Y0 B163 K0

 C63 R114 M44 G128 Y89 B64 K2

◇ 配色方向

活泼靓丽型玄关的配色，可以令人一进门就拥有欢愉的心情，也可以令人眼前一亮。在配色时，多采用一些具有活力的色彩即可。

◇ 配色关键点

- 鲜艳、靓丽的暖色
- 强烈的色彩对比
- 全相型配色

◇ 配色禁忌

活泼靓丽型玄关的配色强调视觉上的冲击力，因此轻柔、浅淡的色彩不适合作为主色（除了白色），容易令空间显得过于平和。另外，这种配色适合面积相对较大的空间，否则容易造成视觉上的压迫感。

◇ 配色技巧

① 鲜艳、靓丽的暖色可以给人带来活泼感，在打造玄关时可以将这类色彩应用于墙面、主要家具，或者入户门。

② 强烈的色彩对比，可以增强玄关的活力，在运用时，可以将其大面积使用，以增强色彩吸引力。

③ 全相型配色给人一种开放、热情的视觉感受，可以用来增强活力。在设计玄关中装饰品的色彩搭配方案时可以选择全相型。

◇ 配色方案

自带暖意的黄色可以给空间带来温暖感与活泼感，大面积运用也不会显得突兀。而起辅助作用的白色也是温暖空间的重要组成部分。

● C21 M44 Y97 K0
R208 G153 B18

○ C0 M0 Y0 K0
R255 G255 B255

● C67 M67 Y83 K33
R85 G71 B50

● C80 M52 Y100 K19
R56 G95 B47

将深色调的蓝色应用于墙面时，奠定了深邃又沉静的空间基调。若与亮丽的红色进行搭配，玄关中的活力被激发出来，令原本有些冷硬的空间变得生动起来。

● C84 M67 Y31 K0
R58 G88 B132

● C38 M100 Y84 K3
R168 G30 B50

○ C0 M0 Y0 K0
R255 G255 B255

● C68 M68 Y70 K25
R89 G76 B68

● C44 M62 Y82 K5
R148 G106 B64

● C76 M59 Y92 K28
R67 G82 B48

将白色作为背景色，奠定了干净、通透的基调。装饰物的色彩搭配别具匠心，增强了空间的观赏性。将绿色、蓝色、橙黄色及红粉色应用于装饰画，再将这些色彩应用于壁炉上的装饰摆件、壁灯，以及坐墩，令空间色彩富有变化。

C0 M0 Y0 K0
R255 G255 B255

C98 M88 Y40 K6
R21 G56 B105

C42 M21 Y80 K0
R165 G177 B80

C25 M41 Y70 K0
R201 G158 B88

C15 M69 Y79 K0
R213 G106 B58

C85 M40 Y73 K1
R14 G122 B94

C48 M85 Y60 K5
R148 G64 B81

蓝色装饰柜虽然具有面积优势，但在亮黄、玫红、水晶紫、翠绿这些色彩的对比下，显得并不抢眼，只是淡淡地流露出一些精美感，彰显着低调的奢华。另外，由于空间的色彩丰富且明度较高，营造出的氛围是具有活力和艺术气息的。

C0 M0 Y0 K0
R255 G255 B255

C51 M16 Y18 K0
R132 G182 B199

C13 M71 Y0 K0
R215 G102 B163

C0 M0 Y0 K100
R0 G0 B0

C86 M72 Y1 K0
R50 G78 B159

C39 M47 Y16 K0
R169 G143 B174

C14 M37 Y84 K0
R222 G171 B56

C63 M44 Y89 K2
R114 G128 B64

将纯度较高的橙色作为空间的主角色十分吸睛，为空间带来时尚与个性的气息。装饰画中孔雀的配色以蓝、绿两色为主，与玄关柜形成冲突的配色关系，再用白色和黑色调整，令玄关空间的配色极具视觉张力。

C0 M0 Y0 K0
R255 G255 B255

C17 M70 Y85 K0
R210 G104 B48

C0 M0 Y0 K100
R0 G0 B0

C72 M55 Y11 K0
R88 G110 B168

C78 M45 Y71 K4
R65 G117 B92

C20 M41 Y72 K0
R210 G160 B83

6. 旷达雅远型

C0　　R0
M0　　G0
Y0　　B0
K100

C47　　R153
M57　　G116
Y80　　B69
K2

C76　　R63
M42　　G126
Y35　　B148
K0

C51　　R134
M77　　G74
Y68　　B72
K12

◇ 配色方向

中式风格中旷达雅远的特点适合表现在玄关之中，在设计配色方案时，注意体现中式配色克制、大气之感即可。

◇ 配色关键点

- 色彩之间的平衡与衬托
- 具有厚重感的配色
- 少量的中国色做点缀

◇ 配色禁忌

打造旷达雅远型玄关时，冷色调和暖色调的使用均不受限制，但是选择色调时需注意，一般来说，浅淡的有彩色是不宜出现的，尤其是一些具有女性气息的粉色、紫色等。

◇ 配色技巧

① 具有中式情调的配色一般简洁、利落，既不会过于花哨，也不会过于寡淡，讲究的是色彩之间的平衡与衬托。

② 旷达雅远型玄关的配色应体现出历史的厚重感，黑色和深褐色都是不错的主色。

③ 在打造旷达雅远型玄关时，可以选用少量的中国色做点缀，如朱砂红、远黛蓝等。将这些色彩应用于装饰品可以增强空间的表现力。

◇ 配色方案

以无彩色系为主色的玄关空间，不急不躁，显得平静又大气。再用苍劲的松树盆栽和以蓝色为主色的中国画做点缀，轻松展现出雅致、悠远的中式情调。

C0 M0 Y0 K0
R255 G255 B255

C50 M43 Y44 K0
R146 G140 B135

C0 M0 Y0 K100
R0 G0 B0

C93 M91 Y33 K1
R47 G53 B113

C83 M53 Y97 K21
R48 G92 B50

玄关的配色具有大气、稳定之感是由于黑色与灰色的搭配使用，再用带有暖意的褐色和红色做色彩调整，使整个空间的配色和谐有度，极具中式风格的节制与包容。

- C58 M52 Y54 K1　R127 G120 B112
- C42 M36 Y32 K0　R162 G158 B160
- C0 M0 Y0 K100　R0 G0 B0
- C35 M45 Y46 K0　R178 G146 B130
- C50 M87 Y82 K20　R129 G53 B50

玄关墙面巧妙地运用了水墨画样式的石材铺设，虽然色彩沉郁，但具有明暗变化，不会显得生硬、死板。搭配色为暖褐色，在一定程度上减弱了大面积黑色带来的压迫感。

- C78 M75 Y68 K41　R57 G53 B56
- C47 M57 Y80 K2　R153 G116 B69
- C0 M0 Y0 K0　R255 G255 B255

米灰色柔和又低调，是能够将中式风格中包容、豁达气质展现的色彩，用于空间主色十分适合。深褐色的出现可以令空间配色显得更加稳定、有力，也形成了视觉重心。装饰画中的少量蓝色与橙色虽然具有冲突的配色效果，但由于降低了纯度，因此刺激感并不强烈。

● C28 M29 Y33 K0
R193 G181 B165

● C42 M36 Y35 K0
R164 G159 B156

● C75 M75 Y78 K52
R54 G44 B39

● C33 M48 Y65 K0
R184 G142 B96

● C82 M72 Y50 K10
R64 G77 B100

想要营造出具有活力感的中式风格，可以多考虑使用一些灰色调的色彩。例如，一般情况下橙色与蓝色这组具有撞色效果的色彩并不适合营造雅致的空间氛围，但是若选择具有灰色调的橙色与蓝色作为玄关的主角色与点缀色，不仅给人带来眼前一亮的视觉效果，也不会显得过于张扬，影响旷达雅远氛围的营造。

● C66 M60 Y69 K14
R100 G95 B79

● C41 M32 Y34 K0
R166 G166 B160

● C53 M50 Y56 K0
R140 G127 B110

● C29 M49 Y63 K0
R192 G142 B97

● C70 M46 Y33 K0
R89 G125 B148

将灰褐色与米灰色作为玄关墙面的主要配色，营造出雅远、旷达的氛围，白色作为主角色可以在一定程度上提亮空间，为采光不足的玄关带来明亮感。红色和蓝色的点缀则令空间显得更加灵动，生机盎然。

● C53 M54 Y57 K1
R139 G120 B107

● C45 M40 Y44 K0
R157 G149 B137

● C28 M21 Y18 K0
R195 G195 B199

● C15 M11 Y10 K0
R223 G224 B226

● C20 M28 Y47 K0
R212 G186 B140

● C76 M42 Y35 K0
R63 G126 B148

● C51 M77 Y68 K12
R134 G74 B72